企业新型学徒制培训教材

职业素养

人力资源社会保障部教材办公室　组织编写

招工即招生　　入企即入校
　　　　企校双师联合培养

中国劳动社会保障出版社

图书在版编目(CIP)数据

职业素养/人力资源社会保障部教材办公室组织编写. -- 北京：中国劳动社会保障出版社，2019

企业新型学徒制培训教材

ISBN 978-7-5167-3947-1

Ⅰ.①职… Ⅱ.①人… Ⅲ.①职业道德-职业培训-教材 Ⅳ.①B822.9

中国版本图书馆CIP数据核字(2019)第040953号

中国劳动社会保障出版社出版发行

(北京市惠新东街1号 邮政编码：100029)

*

北京市艺辉印刷有限公司印刷装订 新华书店经销
787毫米×1092毫米 16开本 12印张 150千字
2019年3月第1版 2021年7月第9次印刷

定价：26.00元

读者服务部电话：(010)64929211/84209101/64921644
营销中心电话：(010)64962347
出版社网址：http://www.class.com.cn

版权专有 侵权必究

如有印装差错，请与本社联系调换：(010)81211666

我社将与版权执法机关配合，大力打击盗印、销售和使用盗版图书活动，敬请广大读者协助举报，经查实将给予举报者奖励。

举报电话：(010)64954652

企业新型学徒制培训教材编审委员会

主　任：张立新　张　斌

副主任：王晓君　魏丽君

委　员：王　霄　项声闻

　　　　杨　奕　蔡　兵

　　　　刘素华　张　伟

　　　　吕红文

前言
Preface

为贯彻落实党的十九大精神，加快建设知识型、技能型、创新型劳动者大军，按照中共中央、国务院《新时期产业工人队伍建设改革方案》《关于推行终身职业技能培训制度的意见》有关要求，人力资源社会保障部、财政部印发了《关于全面推进企业新型学徒制的意见》，在全国范围内部署开展以"招工即招生、入企即入校、企校双师联合培养"为主要内容的企业新型学徒制工作。这是职业培训工作改革创新的新举措、新要求和新任务，对于促进产业转型升级和现代企业发展、扩大技能人才培养规模、创新中国特色技能人才培养模式、促进劳动者实现高质量就业等都具有重要的意义。

为配合企业新型学徒制工作的推行，人力资源社会保障部教材办公室组织相关行业企业和职业院校的专家，编写了系列全新的企业新型学徒制培训教材。

该系列教材紧贴国家职业技能标准和企业工作岗位技能要求，以培养符合企业岗位需求的中、高级技术工人为目标，契合企校双师带徒、工学交替的培训特点，遵循"企校双制、工学一体"的培养模式，突出体现了培训的针对性和有效性。

企业新型学徒制培训教材由三类教材组成，包括通用素质类、专业基础类和操作技能类。首批开发出版《入企必读》《职业素养》《工匠精神》《安全生产》《法律常识》等16种通用素质类教材和专

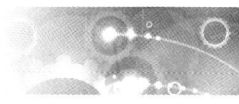

业基础类教材。同时，统一制订新型学徒制培训指导计划（试行）和各教材培训大纲。在教材开发的同时，积极探索"互联网＋职业培训"培训模式，配套开发数字课程和教学资源，实现线上线下培训资源的有机衔接。

企业新型学徒制培训教材是技工院校、职业院校、职业培训机构、企业培训中心等教育培训机构和行业企业开展企业新型学徒制培训的重要教学规范和教学资源。

企业新型学徒制培训教材编写是一项探索性工作，欢迎开展新型学徒制培训的相关企业、培训机构和培训学员在使用中提出宝贵意见，以臻完善。

人力资源社会保障部教材办公室

目录
Content

第 1 章 职业素养概述

1.1 职业素养的内涵 / 002
1.2 员工应具备的职业素养 / 003
即学即用 / 005

第 2 章 职业道德

2.1 敬业 / 010
　2.1.1 爱岗敬业 / 010
　2.1.2 热情奉献 / 013
2.2 诚信 / 015
　2.2.1 内诚于心 / 015
　2.2.2 外信于人 / 016
2.3 忠诚 / 017
　2.3.1 忠于企业 / 017
　2.3.2 忠于团队 / 021
　2.3.3 忠于客户 / 023
即学即用 / 028

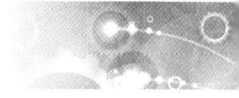

第 3 章 职业意识

3.1 责任 / 034

    3.1.1 有责任心 / 034

    3.1.2 没有借口 / 037

    3.1.3 重视结果 / 039

3.2 团队 / 042

    3.2.1 会融入 / 042

    3.2.2 善合作 / 045

    3.2.3 统价值 / 048

    3.2.4 化冲突 / 049

    3.2.5 共成长 / 050

3.3 规矩 / 053

    3.3.1 讲规矩 / 053

    3.3.2 能自律 / 055

即学即用 / 058

第 4 章 职业理想

4.1 完善自我 / 064

    4.1.1 自我认知 / 064

    4.1.2 职业规划 / 065

4.2 服务社会 / 068

    4.2.1 服务好企业 / 068

    4.2.2 服务好客户 / 069

即学即用 / 076

第5章 职业形象

5.1 个人形象 / 082
　　5.1.1 仪容 / 082
　　5.1.2 仪表 / 083
　　5.1.3 仪态 / 085

5.2 商务形象 / 087
　　5.2.1 称呼礼仪 / 087
　　5.2.2 会面礼仪 / 088
　　5.2.3 介绍礼仪 / 090
　　5.2.4 问候礼仪 / 092
　　5.2.5 名片礼仪 / 093
　　5.2.6 拜访礼仪 / 094

即学即用 / 097

第6章 职业能力

6.1 执行 / 100
　　6.1.1 有方法 / 100
　　6.1.2 有效率 / 104
　　6.1.3 有结果 / 107

6.2 沟通 / 110
　　6.2.1 会倾听 / 110
　　6.2.2 会表达 / 114
　　6.2.3 会提问 / 120
　　6.2.4 会说服 / 126
　　6.2.5 会反馈 / 129

6.3 创新 / 134
　　6.3.1 创新思维 / 134
　　6.3.2 创新能力 / 135

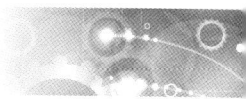

  6.3.3 培养创新思维能力的方法 / 137

即学即用 / 144

第 7 章 职业习惯

7.1 **态度** / 150

  7.1.1 端正态度 / 150

  7.1.2 修炼态度 / 153

7.2 **效能** / 166

  7.2.1 又好又快 / 166

  7.2.2 专精一行 / 167

7.3 **超越** / 173

  7.3.1 超越自我 / 173

  7.3.2 超越他人 / 175

即学即用 / 177

第 1 章

职业素养概述

 ## 1.1 职业素养的内涵

职业素养是职业内在的规范和要求,是员工在任职过程中表现出来的综合素质,是职场成功的关键。一般来说,职业素养高的人在职业发展过程中获得成功的机会多,更易于取得成就。职业素养主要具有以下特征:

(1)稳定性

一个人的职业素养是在长期从业实践中日积月累形成的,一旦形成,便具有相对稳定性。例如,全国技术模范许振超在数十年的门机操作过程中练就了"一钩准""一钩净""无声响操作"等绝活儿,形成了精技术、高效率的职业素养,并保持相对的稳定性,在工作中不断创造新的成绩,从一名只有初中文化的普通工人成长为著名的桥吊专家。

(2)内在性

员工在长期的职业活动中,经过学习、认识和亲身体验,知道怎样做是对的、怎样做是不对的。这种有意识地内化、积淀和升华的心理品质就体现了职业素养的内在性。

(3)整体性

员工的职业素养与其整体素质有关。职业素养是劳动者在一定的生理和心理条件基础上,通过教育、劳动实践和自我修养等途径形成和发展起来的,在职业活动中发挥作用的一种基本品质,主要包括思想政治素质、职业道德素质、科学文化素质、专业技能素质和身体心理素质等。说某人职业素养好,不仅指他的思想政治素质和职业道德素质好,还包括他的科学文化素质、专业技能素质和身体心理素质好,这体现的就是职业素养的整体性。

（4）发展性

职业素养是逐步形成的，随着社会发展对人们不断提出新的要求，人们为了更好地适应、满足、促进社会发展的需要，总要不断提高自己的职业素养，这体现了职业素养的发展性。

1.2　员工应具备的职业素养

美国心理学家戴维·麦克利兰于1973年提出了著名的素质"冰山模型"。他指出，我们把员工的素质看作一座冰山，浮在水面之上的部分称为员工的显性素养，仅为冰山的1/8；而潜在水面之下的7/8部分，称为隐性素养。显性素养和隐性素养的综合构成了一个员工所具备的全部素养。其中，显性素养表现为知识、技能等，在工作中这些可以通过各种学历证书、职业资格证书等来证明，或通过专业考试来验证；而隐性素养支撑着显性素养，包括职业动机、特质、自我概念和社会角色等。一名合格的企业员工不仅要具备良好的显性素养，更要具备优秀的隐性素养。

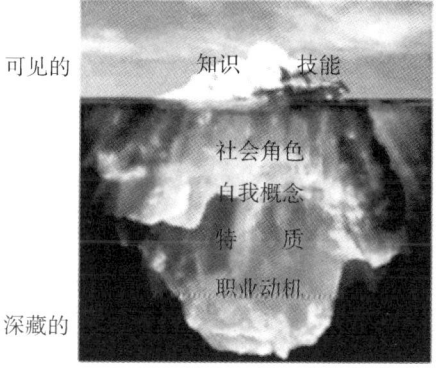

根据素质"冰山模型"，综合其他职业素质理论和员工胜任力理论，以及实际生产中企业的要求，我们认为，员工应该具备的职业素

养涉及6个方面，共16项内容。

显性职业素养主要包括：

职业形象——得体的个人形象、专业的商务形象等。

职业能力——高效的执行力（有方法、有效率、有结果），高效的沟通能力（会倾听、会表达、会提问、会说服、会反馈），高效的创新力（创新思维、创新能力）等。

职业习惯——端正的态度、最大化的效能和持续的超越等。

隐性职业素养主要包括：

职业道德——在职业发展过程中应当恪守的基本准则，包括敬业（爱岗敬业、热情奉献），诚信（内诚于心、外信于人），忠诚（忠于企业、忠于团队、忠于客户）等。

职业意识——最深层的制约职业人思考能力的思维，包括责任意识（有责任心、没有借口、重视结果），团队意识（会融入、善合作、统价值、化冲突、共成长），规矩意识（讲规矩、能自律）等。

职业理想——勾勒个人职业生涯发展的蓝图，包括完善自我（自我认知、职业规划）和服务社会（服务好企业、服务好客户）等。

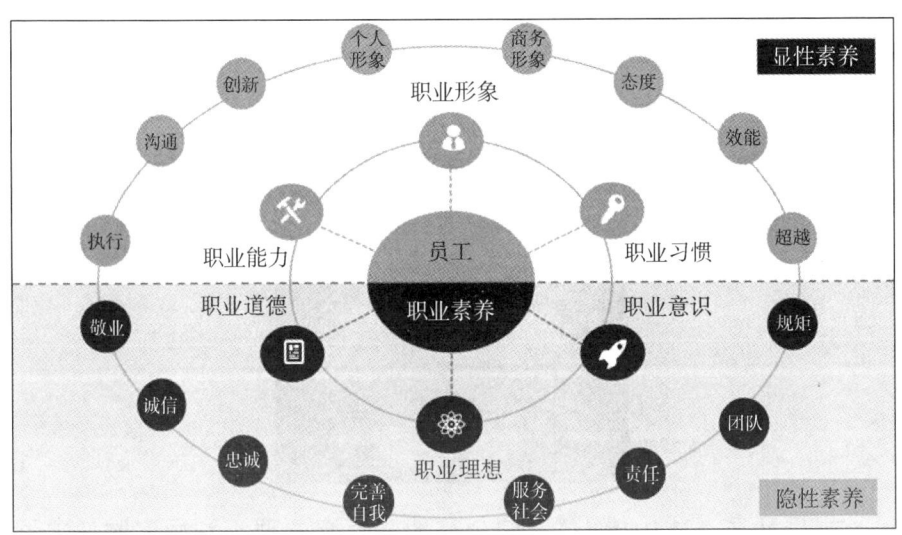

员工应具备的职业素养

即学即用

1. 结合所学内容，联系你的工作岗位，谈谈你对职业素养的理解。请完成以下练习。

（1）你认为职业素养在人的职业生涯中发挥着怎样的作用？

_____

_____

_____

（2）职业素养主要体现在哪些方面？

_____

_____

_____

2. 以下是某企业在《员工手册》中提出的要求，请你分析这些要求属于职业素养的哪一方面？（请从职业素养 6 大方面 16 项内容中选择，有的要求可能涉及多项素养）

序号	企业要求	职业素养
1	自觉遵守各项规章制度	
2	熟悉业务	
3	工作责任心强，工作积极	
4	全年出勤率不低于95%	
5	有改革创新精神	
6	自觉维护企业声誉	
7	团队协作，勤奋工作	
8	坚持不懈地身体力行5S管理	
9	善于学习，不断自我反思	
10	持续改善，永不自我懈怠	

第1章 职业素养概述

3. 学习你所在企业的《员工手册》，完成以下练习。

（1）你所在企业对于员工的任职要求是：

（2）你所在企业对于称职员工的评定标准是：

（3）你所在企业对于优秀员工的评定标准是：

（4）仔细分析，你所在企业更看重员工哪些方面的职业素养：

_____
_____
_____
_____
_____

（5）结合企业要求和自身发展需求，拟订你在该企业的职业发展规划（可以是长期规划，也可以是中短期规划）：

_____
_____
_____
_____
_____

4. 选择你的一位企业导师，做一次访谈，了解导师的从业历程及其对所从事职业的认识，向他请教个人职业发展的"秘诀"，完成以下练习。

导师姓名：_____ 年龄：_____ 技术等级：_____
职业（岗位）名称：_____ 从业年限：_____
取得的荣誉：_____

（1）简要介绍这位企业导师的工作内容及工作事迹（100字以上）：

_____
_____
_____
_____
_____

第1章 职业素养概述

（2）结合所学内容，分析导师工作中体现出的职业素养有哪些：

第 2 章

职业道德

2.1 敬业

2.1.1 爱岗敬业

对员工来说,爱岗敬业主要包括以下五个方面的内容。

(1)珍惜自己的工作

工作是员工安身立命之本,员工只有珍惜工作,才能释放出对工作的激情,才能提高工作积极性与创造性,百分之百地投入到工作中去。

员工应当认识到,只有珍惜自己的工作,用智慧和辛劳证明自己的才干,才会拥有稳定的工作,才能让自己的职业生涯稳步发展,把握自己的命运。

现实中,许多员工在令人羡慕的岗位上工作,然而,他们却一点儿都不知道珍惜,有的甚至把工作当成包袱或负担,对工作抱着敷衍的态度,想的是"做一天和尚撞一天钟"。这样的员工不会明白,他在敷衍的不仅仅是工作,而是自己的人生。一名不珍惜自己工作的员工,是不会自觉遵守工作纪律,也不会保证工作质量与效率,更不会努力提高业务技能的。这样的员工不仅在工作中会碌碌无为,而且不知不觉地会走到被企业淘汰的边缘。

富兰克林曾说:"你追求工作,不是工作追求你。"员工应该明白,你需要工作来维持自己的生存和发展,假如你不去做这份工作,照样有人会去做,而你就会失去工作,如果你没有了工作,你就没有了生存的根本。

珍惜自己的工作,不仅是一个认识问题,更是一种责任、一种承诺、一种精神、一种义务。只有懂得珍惜工作的员工,才会发自内心地去努力工作,全力以赴,把工作做到最好;只有懂得珍惜工作的员工,才不会被工作抛弃。

（2）尊重自己的工作

工作本身是客观的，它没有高低贵贱之分。员工在工作岗位上能否做出成就，不在于工作本身，而在于自己对工作的态度。一个时刻对自己的工作持有尊重态度的人，会在工作中不断实现自身的价值，会让自己的工作趋于完美。而对工作缺乏尊重的员工，一旦碰到"微不足道"的工作，必然不会珍惜工作、踏实工作，到头来只能把自己推向碌碌无为的境地。

微软总裁比尔·盖茨说："工作本身没有贵贱之分，对于工作的态度却有高低之别。"许多能力相近的员工，由于他们对岗位工作的态度不同，在工作中会逐渐产生差距。尊重工作的员工，无论将他们放到什么样的岗位上，他们都会表现出一如既往的积极进取的工作作风，也只有这样的员工才可能被委以重任。

那些整日抱怨自己工作枯燥、卑微，轻视自己所从事的工作的员工，自然无法全身心地投入工作。在工作中，他们往往敷衍塞责、得过且过，将大部分心思用在如何摆脱现在的工作环境上。这样的员工在任何地方都不会有所成就，因为他们根本不明白：不能用正确的态度对待此时的工作，就更不可能在未来的工作中尽职尽责。

因此，作为员工，无论在什么样的工作岗位上，都不能轻视、慢待自己的工作。如果你能在平凡的岗位上始终如一地坚持把工作做好，那么，在不久的将来，你必能突破平凡，走向优秀。

（3）热爱自己的工作

员工只有热爱自己的工作，才可能把工作做到最好，才能称得上敬业。

敬业的员工在工作时能以自强不息的精神和火焰般的热忱，积极发挥自己的能量。即使做的是最平凡的工作，他也要成为技能最精湛的人；即使到最艰苦的地方去工作，他仍然不改变积极进取的工作作风。

现实中,很多员工面对不喜欢的岗位,不是逃避就是消极应对。他们整天不是思考怎样改变现状,而是不断地抱怨,恨自己生不逢时。他们每天在长吁短叹中虚度光阴,浪费着自己宝贵的生命。

工作是人拼搏进取的支点,是实现人生价值的基本舞台,员工应当像热爱生命一样热爱自己的工作,把工作当作毕生追求的事业,用整个人生去书写精彩的华章。

(4) 忠于自己的工作

敬业的员工必然会尽忠职守,努力做好自己的本职工作。因为在这样的员工看来,就算是最平凡的工作,也承载着伟大的使命与责任。当工作被分派到自己头上的时候,他们会竭尽所能把工作做好,绝不会玩忽职守。

一家企业就像一台大机器,每名员工都是机器上的一个零件。只有每个零件都发挥出应有的作用,这个大机器才能正常运转。任何一个零件有轻微松动,都可能影响其他相关零件的运转,进而影响到整台机器的运转。

一名不能尽忠职守、做好本职工作的员工往往会趁领导不注意开小差、煲电话粥,或者将属于自己的工作推给其他同事,这样的员工在工作中就像是企业这台"机器"上一个松动的"零件",最后逃不过被替换的命运。

(5) 超越自己的工作

员工在工作中永远不要说"这不是我分内的工作",而且做任何工作都要尽可能做得比领导要求的多一些,超越他们的期望。

只要求自己把工作做到 80 分的人,注定是一名平庸的员工;能够把工作做到 100 分的人,只能算是一名合格的员工;只有尽力把工作做到 120 分的人,才能称为优秀的员工。

【案例】

美国有一位年轻的邮递员,开始时,他和其他邮递员一样用陈旧的方法分发信件。当时,邮递员都是凭自己不太准确的记忆拣选后发送邮件的。许多邮件的发送往往会因为邮递员记忆出现差错而被耽误几天甚至几个星期。于是,这位年轻的邮递员开始寻找另外的办法。他发明了一种把寄往某一地点的信件汇集起来的工作方法。就是这种看起来很简单的方法使他引起了领导们的注意,他也因此获得了升迁的机会。

这位年轻的邮递员就是后来成为美国电话电报公司总经理的西奥多·韦尔。

如果西奥多·韦尔也像其他邮递员一样只满足于本职工作的现状,可能就不会发明新的送信方法,当然,也就不会成为鼎鼎大名的美国电话电报公司的总经理了。

一名勇于负重、任劳任怨、被领导器重的员工,除了会认真做好本职工作外,还愿意接受额外的工作,能够主动为领导、为客户排忧解难。能够尽心尽力地完成额外工作也是敬业精神的良好体现。超越自己的工作,就要永远比领导期望的多做一点儿、做好一点儿。

2.1.2 热情奉献

对员工来说,热情奉献主要包括以下两个方面的内容。

一是不怕吃亏,有付出就有回报。

不怕吃亏的员工往往能发挥出其他员工不可比拟的工作热情,也更容易被领导发现和重用。

员工在工作中难免会碰到一些与个人利益"冲突"的事情。员工如果总是把精力放在自己细小的得失上,最终可能会失去更多;而员工如果能做到不怕吃亏、不计得失,最终可能会成为最大的受益者。

二是学会感恩,让自己快乐工作。

工作给予员工的不只是有限的薪金,它还可以使员工学到很多技能、经验,在与人协作的过程中得到满足和快乐。只有真正懂得感恩

的员工才会发现"不是工作需要我,而是我需要工作",才会以平和的心态去愉悦地工作。

懂得感恩的人是快乐的,快乐的人是有行动力和感染力的,有行动力和感染力的员工,是每个企业都想要的。

如果员工只想着企业能给自己带来什么,工作效率必然会大打折扣;相反,如果员工怀着一颗感恩的心去把自己的工作做好,则会有更大的价值提升空间。

(1)明确认识,成长比薪金更重要

"一分耕耘,一分收获"是每一名员工都应该坚信的,只要在自己的岗位上有所成就,自己的薪金状况就一定会改善。更何况,工作的目的并不只是获得薪金,对于员工来说,能够在工作中不断地学习和积累才是最宝贵的。

只看到薪金的员工,很难看到薪金背后的成长机会,同样也很难看到在工作中所能学到的技能和经验的真正价值。

杰克·韦尔奇曾说:"我的员工中最可悲也是最可怜的一种人就是那些一心只想获得薪金,而对工作中的其他方面一无所知的人。"在企业,只看重自己薪金的员工,很容易因为懈怠工作而消减自己的创造力,埋没自己的才能。自然,他们也不会主动学习。但是,哪一位领导会喜欢敷衍工作的员工,又有哪一位领导会去满足消极怠工的员工提出的涨薪要求呢?日本东芝株式会社原社长土光敏夫就曾说过:"为了事业的人请来,为了薪金的人请走。"

人生档案,自己书写。一名员工过于看重薪金的多少,必然禁锢自己潜能的发挥,他的人生也将庸庸碌碌。作为员工,你必须了解自己真正需要的是什么,只有这样,才不会因为贪图眼前利益而落于他人之后。

(2)热情奉献,做好平凡的工作

奉献,就是一心一意为企业做出应有的贡献。

敬业是奉献的基础，乐业是奉献的前提，勤业是奉献的根本。一名员工若能把在工作中的奉献当作一种快乐，就必然会专注于自己的工作，最终在自己的工作中有所突破。

奉献体现了纯洁高尚的道德情操，它是一种真诚自觉的付出。工作中的奉献精神主要体现在努力做好工作中的每一件事。

2.2 诚信

2.2.1 内诚于心

（1）君子养心，莫善于诚

荀子有言："君子养心，莫善于诚。"也就是说，要成为一位君子，必须有高尚的情操，而培养高尚情操的方法就是诚心诚意地对待每一人、每一事。从古到今，真诚的人都是受人尊敬的。

在工作实践中，员工应注意以下几点：

1）说话的时候看着对方的眼睛，给人真诚的感觉。

2）说话做事之前，先想一想对方的立场。

3）如果自己做错了事，就大方地向对方道歉。

4）请别人帮忙时，要心存感激，诚心答谢。

（2）做最真实的自己

如果你以为刻意美化自己、虚假包装自己是一种聪明的交际手段，那么你就大错特错了。所谓"路遥知马力，日久见人心"，虚假的迟早会被拆穿，你就是你，做真实的自己，不做作，不虚伪，这才会赢得别人的信任。

在工作实践中，员工应注意以下几点：

1）在不影响他人的情况下，做自己喜欢的事情。

2）被问及喜欢什么时，大方说出自己的喜好。

3）被要求对一件事情发表意见时，说出自己真实的想法。

4）对于不愿意去的派对、邀请等，真诚地说出自己的想法。

2.2.2 外信于人

（1）任何时候都不要敷衍了事

敷衍是缺乏责任心和诚心的表现，在工作面前，敷衍了事可能会让你感到一时的方便、轻松，但时间长了，很可能造成巨大的损失。要知道，你敷衍工作，工作也会敷衍你。

在工作实践中，员工应注意以下几点：

1）给自己制定规则，即使没人监督，也要按照规则行事。

2）一旦工作出现差错，立即采取补救措施。

3）少说"差不多吧""好像是""我也不确定"之类的话。

（2）交流的最高境界是坦诚相待

俗话说："一两重的坦诚，胜过一吨重的聪明。"坦诚是一种力量的象征，它显示了一种高度自重和内心的安全感与尊严感。坦诚相待体现了你对他人的尊重，得益的不只是他人，同时也增长了你自己的人格魅力、吸引力和凝聚力。因此，坦诚的人总是受人尊重的。以诚待人，这是与人交流的最大智慧。

在工作实践中，员工应注意以下几点：

1）工作中遇到问题时要及时请教。

2）遇到他人向自己请教时，要坦诚相告。

3）对于自己犯的错，要主动承认。

4）与人交流时，尽可能说出内心真实的想法。

 ## 2.3 忠诚

2.3.1 忠于企业

忠诚是一种职业生存方式。每个企业的发展和壮大都是靠员工的忠诚来维系的。忠于企业的员工无论到哪里都会得到别人的信赖。对员工来说，对企业的忠诚主要体现在以下几个方面。

（1）目标一致，不推责

【案例】

《这是你的船》一书中叙述了这样一则故事。

"本福尔德号"舰艇虽然装备精良，但作业效率低下，船上的水兵士气低迷，每年有近35%的水兵希望可以提前退役。

1977年6月，迈克尔·阿伯拉肖夫接管"本福尔德号"，在他的领导下，仅两年时间，"本福尔德号"发生了神奇的转变。阿伯拉肖夫舰长为美国海军培养了一支充满自信、干劲十足的团队。"本福尔德号"也成为太平洋舰队中最优秀的舰艇之一。

发生这种翻天覆地变化的原因就是舰长通过自己的管理使水兵以船为家，以全舰的发展为自己事业的发展。

阿伯拉肖夫对水兵说："这是你的船，所以你要对它负责，你要让它变成最好的，你要与这艘船共命运，你要与这艘船上的官兵共命运。所有属于你的事，你都要自己决定，你必须对自己的行为负责。"

"这是你的船"成了"本福尔德号"的口号，所有的水兵都觉得管理好"本福尔德号"就是自己的职责所在。

正是"本福尔德号"舰艇上每名水兵的忠诚和负责，大家同舟共济、齐心协力，才使这条船驶向最终的目的地。

同理，我们可以把企业看作一条船，只要你是企业的员工，你就是这条船上的船员。你必须以主人的心态来照料这条船，而不是以一种游客的心态背离自己的责任。作为企业员工，不管是部门经理、司机、推销员，还是生产工人、会计、库管员，只要你在企业这条船上，你的命运就和企业的命运联系在一起，每个人都有责任、有义务照管好自己的船，所有企业员工同舟共济，才能乘风破浪。

世上有两种忠诚，一种是掏钱买来的忠诚，是被动的忠诚；另一种源于员工心中存有的崇高的使命感，这种忠诚是主动的忠诚。

每名员工都是企业的雇员，都与企业存在着客观的雇佣关系。对于被动忠诚的员工来说，态度连同关系一并被雇用，他们本身不愿意长期服务于一家企业，这类员工一切从自己利益出发，他们不关心企业利益，"高工资，高回报"是他们付出忠诚的条件。而主动忠诚的员工，其内心对于自己与企业关系的定位已经超越了雇佣关系。他们心中有强烈的忠诚于企业的愿望，这种愿望使得他们的目标与企业目标高度一致。他们做事尽职尽责、善始善终、一丝不苟，从来不找任何借口、不推脱责任，能够与企业同呼吸、共命运。

（2）维护信誉，共前行

"这是你的船，要让它变成最好的。""让它变成最好的"是一种义不容辞的责任，也是一种至高无上的荣誉。

一位专门做售后服务的海尔员工说："我必须在客户提出要求之后20分钟内到达客户所在地，并彻底解决问题。我的责任就是让海尔的每一位客户满意，让客户告诉大家，海尔真的很棒！"在问及他为什么会这样做时，他的回答是："我是一名员工，我必须忠诚于我的企业。任何有损海尔形象和利益的事情，我们必须杜绝。"

忠于企业的员工懂得为客户提供最优质的服务，而绝不允许有损企业信誉的事情发生。

良好的信誉会给企业带来巨大的效益。员工为维护企业信誉而工作,就会主动争取做得更多,承担更多的责任;为维护企业信誉而工作,就会满腔热情、全力以赴。

（3）视企如家,同发展

企业是管理者的,也是员工的。没有企业的发展,何谈员工个人待遇的提升与自我发展。

对一家企业来说,员工的忠诚会使企业在变幻莫测的市场中更具有竞争力。忠于企业的员工知道从一点一滴去关注企业的成长,他们视企如家。对自己的前途和事业负责的员工,往往会在心中树立"企业是我家,发展靠大家"的思想。

员工如果能把企业当成自己的家庭去呵护,就会更喜爱自己的工作,他们把企业资产当成自己的财产去经营,会不遗余力地为企业增加效益。

【案例】

最初,美国西南航空公司一年在燃油上的花销大概是3.5亿美元,管理者想尽办法都无法降低这个成本。后来,西南航空公司的驾驶员们想方设法节省燃油,每一位驾驶员都尝试在机场内走近路,摸索哪一条滑行跑道最节省时间;每一位驾驶员在飞行时都有意识地主动节省时间,因为节省1分钟的飞行时间就意味着节省8美元,这样算下来,这个数字是相当惊人的。最后,他们在不影响服务质量的前提下,使燃油成本缩减了10%。

美国西南航空公司的所有驾驶员用自己的智慧为公司节省了大量的成本。美国西南航空公司为他们的驾驶员感到十分自豪,并把"我们有全美国最出色的驾驶员"这样的话印在了公司宣传册上,让每一位乘坐公司航班的旅客都知道他们的驾驶员有多么优秀。

著名管理大师李·艾柯卡在福特汽车公司进退两难的时候仍然说:"只要我在这儿一天,就有义务忠诚于我的企业,就应该尽心竭力地工作。"他把福特汽车公司当成自己的家,尽管后来他离开了福特汽车公

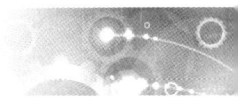

司,但仍以自己为公司所做的一切而感到欣慰和骄傲。

作为企业的一员,就应该把企业当作自己的家庭一样看待,在工作之中,碰到一些非自己岗位职责范围内但又有必要完成的事务时,尽管领导没有交代,也不要置之不理,而要把它们当成自己应该履行的职责,积极主动、真诚负责地为企业处理好这些事务,这才是一名出色的员工应该有的态度。

多做一点儿,机会就多一点儿;多付出一点儿,就可能脱颖而出。当额外的工作降临到自己头上时,不妨视之为一种机遇。

（4）牢守机密,筑成功

忠于企业的员工绝不会为了个人利益而牺牲企业利益;忠于企业的员工会竭尽全力捍卫企业形象;忠于企业的员工能够理解企业的困难,并乐意为企业分忧;忠于企业的员工永远不会出卖企业机密。

一则机密可能关系企业的生死,一条信息可能左右企业的成败。牢守机密是员工必须遵守的基本行为准则之一。

【案例】

富兰克林·罗斯福在当选美国总统前,曾任美国海军部助理部长。一天,一位老朋友向他打听海军在加勒比海的一个小岛上建立潜艇基地的计划。

"我只要你告诉我,"他的朋友说,"看看我听到的有关基地的传闻是否确有其事。"

这位朋友要打听的事在当时是不便公开的,但既然是好朋友相求,那如何拒绝才好呢？只见罗斯福望了望四周,然后压低嗓子向朋友问道:"你能不能对不便外传的事情保密呢？"

"能！"好友急切地回答。

"那么,"罗斯福微笑着说,"我也能。"

罗斯福以幽默的方式回敬了朋友的探听。朋友并没有生气,他严谨的工作态度反倒令朋友心服口服，更加信任他、佩服他。

商场如战场，保守商业机密同保守军事机密同等重要。即使你更换了工作，也不能抛弃自己的"忠诚"，而应该一如既往地对企业的商业机密守口如瓶。

如果员工为了一丁点儿利益就出卖自己企业的话，那么，这样的员工在世界的任何角落都不会受到欢迎，因为他出卖的不仅仅是企业的利益，还有他自己的尊严和人格。从他手中获得利益的人也会从心底对他产生鄙夷。

2.3.2 忠于团队

对员工来说，忠于团队是忠诚素养的又一重要体现，对此可以从以下两个方面来理解。

（1）认同团队

人的一生中会归属各种团队，比如，你参加的项目组，你所在的部门，你为之工作的企业，等等。在这种归属中，个人能得到保护，并发挥自己的才干以获得成功。尤其在现代社会中，团队是个人赖以生存的基本条件，而维护这种归属关系就是每个人的基本义务。

一个优秀的团队是企业最优质的资产，由团队精神、理念和行为准则积淀而成的企业文化所产生的价值胜过百万英镑。

认同团队就要认同团队的价值观。团队价值观为团队的生存和发展提供基本的方向和行动指南，为团队成员形成共同的行为准则奠定基础。一支高效的团队必定拥有共同的价值观，而且这种价值观会渗透到每位团队成员的骨髓中，体现在每位团队成员的行动中。

通用电气集团前CEO杰克·韦尔奇曾说："个人与企业共享的价值观能增进个人与企业的效率。如果这两者互不相关，就可能产生许多冲突和愤世嫉俗的事情；如果个人与企业有着相同的价值观，就能够和谐共事。许多优秀团队都有相同的价值观和信念。"因此，员工想要有所发展，就必须学会认同自己的团队，尤其是团队的价值观。

将自己的价值观和团队的价值观融为一体，忠于团队的目标和利益，对团队产生强烈的归属感，能获得更大的工作激情而不再有弹性疲乏的危机，能更有力量面对困境，为实现自己的理想而奋发进取。

【案例】

微软公司（以下简称"微软"）希望员工能够认同公司的企业文化，并愿意看到他们视微软为自己的归宿。比尔·盖茨曾说："熟悉本公司是每名员工的必修课，因为你只有熟悉本公司情况，才有可能把公司情况介绍给你的客户；反之，必会引起客户的怀疑。"而接下来他告诉员工："只有认同微软，你才会熟悉微软。"

要想融入公司，了解并认同公司的一切是十分必要的，微软的要求如下：

第一，了解公司的成长历程及声望。每家公司都有独特的成长经历和价值观，员工了解并认可这些有助于提升自己在公司的归属感，从而满怀激情地投入工作。

第二，知道公司主要管理层人员的姓名。微软认为，员工初入公司时应该了解一下公司和自己部门的人事，他们只有认识并逐渐认可自己的领导，才能更好地工作。

第三，认同公司的运行模式和程序。要真正了解公司的文化，就必须熟知公司现行的运行模式和程序，通晓公司的工作流程，然后设法适应它，这有助于员工自身的成长。

第四，认可公司的未来发展目标。对微软来说，未来比现在更重要。一名优秀的微软人应该知道微软将走向何方，如果他也喜欢这条路，那就更好了。

比尔·盖茨曾对鲍尔默开玩笑说："我当然愿意看到新来的小伙子们能指出我们程序上的错误，但我可不希望他们把我从美梦中叫醒。"鲍尔默回答道："我也希望他们每个人都和你一样有一个'微软梦'。"从这个简短的对话中，我们足以看出微软对员工认同感的重视。

和微软一样，每家企业都希望招到认同自己的员工。当你手拿一份简历去应聘时，你一定要考虑好自己是不是认可这家企业，如果答案是肯定的，那么不要犹豫，抓住机会；如果答案是否定的，就赶紧放弃吧。

（2）不抛弃，不放弃

希尔顿集团的创始人唐拉德·希尔顿这样说过："我可能是得克萨斯州最幸运的人，这种幸运来自友谊，来自志同道合的伙伴。我希望我的一生能永远与同僚相处愉快、合作无间。"

希尔顿经营旅馆，能比别人经营得更出色，能赚更多的钱，正是他的经营团队上下团结一致、齐心协力的结果。

一支团队的优秀体现在哪里？就体现在超强的凝聚力上。一支高效的团队必然是由一群充满责任感和高度忠诚的成员组成的。

团队的力量来自忠诚。对团队忠诚才能使内部的协作更有效，才能使团队更强大。忠诚，在团队中体现出的特征多种多样：愿意为团队的成功做出自己的贡献，并努力寻求团队执行的最佳方案；只要有需要，无论何时都会全心全意地投入；总是乐于帮助他人，愿意承担更多的责任。

在这个经济快速发展、竞争日趋激烈的时代，团队合作能力越来越受到企业管理者的青睐，百分之八十的企业都是依靠团队合作取得成功的，正如歌中所唱的"团结就是力量"。

作为团队中的一员，应该努力为团队建设和发展献计献策、添砖加瓦，贡献自己的一分力量。做到这一点，既能使别人获益，也能使自己受益。

2.3.3 忠于客户

忠诚是双向的，企业只有付出自己的忠诚，才可能赢得客户的忠诚。而员工自身的忠诚以及对客户的忠诚才能铸就企业对客户的忠诚。忠于客户是员工忠诚素养的另一个重要支撑点，它可以分为三个方面。

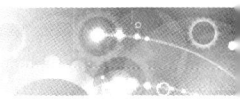

（1）重视细节

留住客户最聪明的方法就是主动为客户提供最优质的服务。优质的服务往往体现在细节中。细节决定成败。

"客户就是上帝"，没有好的服务就不会有客户，而没有客户，企业就没有办法生存。

一位企业经营者说过："如今的消费者拿着'显微镜'来审视每一件产品和提供产品的企业。在残酷的市场竞争中，能够长久不衰的不是'合格'的企业，也不是'优秀'的企业，而是'非常优秀'的企业。自己要求自己的标准，必须远远高于市场对你的要求标准，你才可能被市场认可。"

【案例】

一天，某酒店一楼的咖啡厅来了四位客人，他们拿着资料，非常认真地讨论着问题。但是，由于正值旅游旺季，咖啡厅里的人很多，人声嘈杂。

一位服务员在经过那四位客人身边时，听见他们其中一位在大声讲话："你刚才说什么？再说一遍。太吵了，我听不清楚。"

按理说此事与这位服务员毫无关系，但是她认为，关心客人是包括自己在内的每一位酒店员工的责任。于是她来到客人身边微笑着询问是否需要帮助，是否需要一个安静的地方。那四位客人感激地点点头，连声道谢。

服务员拿起手中的声讯电话找到客房部经理，询问是否有空房，以便借这几位客人临时用一下。客房部经理立即答应，并通知前台马上给客人提供一间客房。

一周后，客人给酒店寄来了一封感谢信。信的内容是："感谢贵酒店上周让我们享受到了世界上最好的服务。你们能拥有如此优秀的员工，实在是贵酒店的骄傲。我们公司决定成为贵酒店的忠实顾客。"

在很多人看来，为客人提供一个安静的地方并不是什么大事，但就是这位服务员的举手之劳为酒店赢得了客户的忠诚,建立了良好的企业信誉。

这种"举手之劳"看似微不足道,其实是一种优良工作习惯和职业素养的体现。这位服务员用心工作,在没有被要求的情况下主动为客户提供服务。她知道客户之事无小事,任何一个细微的疏忽都可能造成客户的不满,甚至可能产生十分严重的后果;相反,任何一份细致的关心都足以引起消费者对企业的信赖和好感。

（2）信用把关

日本著名哲学家池田大作曾说:"信用是难得易失的,费十年功夫积累的信用,往往由于一时的言行而失掉。"可见诚信之重要。

讲信用是一名员工得以生存和发展的基础,靠欺诈可能会赚得一时的利益,但注定不能长久。因为客户最不能忍受的就是欺骗。

【案例】

有一家火锅店,刚开业的时候,菜品花样繁多,色香味俱全,而且价格很便宜。特别是店里供应的一种秘制酒,让人流连忘返。大家一传十,十传百,火锅店的生意也越来越火爆,人们甚至开着车大老远地来到这家火锅店品尝他们的秘制酒。

这家店的老板看在眼里,乐在心里。可是秘制酒的制作程序繁杂,每天酿成的酒数量有限,根本满足不了顾客的需求。为了招揽更多的顾客,老板动了心眼儿。第二天,大瓶变成小瓶,价格却不变。老板让服务员向顾客解释:这是新配方,酒里加了名贵的中草药。店里来的大都是老主顾,非常相信老板,渐渐地,来的顾客比以前更多了。

尝到了甜头儿,老板又想出一个主意——往酒里兑水。开始时兑得少,顾客觉察不出来。后来,老板的胆子越来越大,水越兑越多,顾客的抱怨也逐渐多了起来。

火锅店的顾客逐渐减少,没过多长时间就到了门可罗雀的境地。老板尝试用"吃多少送多少"的促销活动来挽救自己的生意,可没有

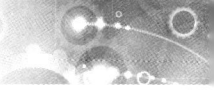

任何起色。一年后，这家曾经红火一时的火锅店消失了。

这家火锅店的老板自以为很聪明，偷工减料，欺骗顾客，最终却把自己给"减掉了"。

信用对个人来说是一种无形的价值和资产，是人们进入社会不可缺少的通行证。很多企业在招聘人才时，首先要看应聘者的个人信用记录，如果一个人没有良好的信用记录，学历再高，本领再大，也会寸步难行，处处碰壁，难以找到用武之地。

员工的信用度有多高，他得到的授信额度就有多大。每个人的授信额度都是靠日积月累不断提高的。所以，员工要"不以善小而不为"，要真诚地对待每一个人，为客户付出自己的一片爱心，这样，工作业绩才能"芝麻开花节节高"。

人生的"信用卡"只能使用，不能提现，更不能透支，每一名员工都应该全心全意去呵护自己这张卡片。

（3）换位思考

有人认为最高明的推销术就是说服和尚购买梳子。其实，真正成功的推销是站在客户的立场，时时刻刻为客户的利益着想，主动了解客户需求并帮助客户寻找真正适合他们的产品，而不只是为了自己眼前的利益，巧舌如簧地向客户推销他们并不需要的产品。

【案例】

辛静是某大型家电卖场中豆浆机销售专柜的一名导购。作为一名销售人员，她始终坚持以"五心级"（诚心、耐心、爱心、细心、关心）的服务标准严格要求自己。

她本着"干一行，爱一行，精一行"的精神努力钻研，不仅对自己销售产品的功能了如指掌，还利用闲暇时间翻阅了大量营养方面的书籍，虚心向营养专家请教，丰富自己的业务知识。

去年冬天，一对老年夫妇走近她的柜台。通过交谈，辛静得知老先生患有糖尿病,听人说多喝豆浆有好处,所以想买一款研磨豆浆的机器,但在搅拌机与豆浆机之间犹豫不定。辛静告诉两位老人,虽然搅拌机价格便宜,但是常温下粉碎大豆会产生两种不利于人体吸收的酶。而豆浆机特定的86℃打浆,可以把酶完全分解掉。她还热心地开出了一份糖尿病的食疗配方:早上以大豆、小米作为早餐(大豆特有的寡糖不含胆固醇,而小米中维生素B的含量是粮食中最高的,对降血糖、提高身体免疫力有帮助);中午以大豆、小米、苦瓜为主料,做出果蔬米豆浆(其中含有的植物蛋白质、异黄酮、膳食纤维可以补充人体每日所需的各种营养)。她讲完后,两位老人毫不犹豫地买了一台豆浆机。

这天,一对新婚夫妇看中了一款大容量的全自动豆浆机,但辛静却劝他们选择一款容量小且价格低的机型。两位新人很困惑,"你卖台贵的提成不是更高吗?"辛静真诚地告诉他们:"卖贵的提成高是自然的,但我必须对你们负责。如果你们看上哪个拿哪个,我的工作就失去了它本身的意义。我的工作就是帮助你们选择适合的产品,买大了利用率低,反而成了负担。只有利用率高,才物有所值。"夫妻俩觉得辛静的话很有道理,就买了那款容量小的豆浆机。

辛静对客户以诚相待,站在客户的角度思考问题,不但使自己的工作更有价值,也给客户带来了满意和舒心。

人无信不立,良好的信誉能给自己的生活和事业带来意想不到的收获。以诚相待就能赢得良好的信誉,获得他人的信任。

工作中,大部分员工每天都在重复着简单的工作。因此,有的员工认为自己很渺小,没有惊天动地的伟绩,也没有值得赞扬的大功大德,自己的所作所为对企业来说不足挂齿。其实不然,忠诚没有等级,与职位和工作无关。每一名员工都是企业的形象代表,都是企业价值的传递者。只要把工作当作事业去做,就能超越平凡的岗位,为岗位赋予无限的活力,给顾客带来无尽的价值。

第2章 职业道德

即学即用

1. 谈谈你对"德才兼备，德比才先"这句话的理解。可以结合你对自身岗位的认识，也可以通过描述身边某个榜样人物的事迹来阐述你的理解。

_____
_____
_____
_____
_____
_____
_____

2. 结合你的工作实际，完成下面的"敬业度测试"，选择最符合你自己情况的答案，评估个人的敬业程度。

题目	选项
1. 不拿公共财物	A. 完全符合　B. 基本符合　C. 不符合
2. 在规定的休息时间后及时返回学习或工作场所	A. 完全符合　B. 基本符合　C. 不符合
3. 看到别人有违反院校或企业规定的举动，及时纠正	A. 完全符合　B. 基本符合　C. 不符合
4. 能够保守秘密	A. 完全符合　B. 基本符合　C. 不符合
5. 从不迟到、早退	A. 完全符合　B. 基本符合　C. 不符合
6. 不做有损院校或企业名誉的任何事情	A. 完全符合　B. 基本符合　C. 不符合
7. 不管能否得到相应奖励，都能积极提出有利于团队的意见	A. 完全符合　B. 基本符合　C. 不符合

续表

题目	选项
8. 关心自己、同学或同事的身心健康	A. 完全符合　B. 基本符合　C. 不符合
9. 愿意承担更大的责任,接受更繁重的任务	A. 完全符合　B. 基本符合　C. 不符合
10. 向外界积极宣扬自己所在的团队	A. 完全符合　B. 基本符合　C. 不符合
11. 把团队的目标放在第一位	A. 完全符合　B. 基本符合　C. 不符合
12. 乐于在正常的学习、工作时间之外自发地加班加点	A. 完全符合　B. 基本符合　C. 不符合
13. 在业余时间学习与工作有关的技能,提升职业素养	A. 完全符合　B. 基本符合　C. 不符合
14. 在工作时间不做有碍工作的事情	A. 完全符合　B. 基本符合　C. 不符合
15. 为保证工作或学习绩效,善于劳逸结合,调节身心	A. 完全符合　B. 基本符合　C. 不符合
16. 积极寻找途径获得外界对自己所在集体的支持	A. 完全符合　B. 基本符合　C. 不符合
17. 对团队的使命有清晰的认识,认同团队的价值观	A. 完全符合　B. 基本符合　C. 不符合
18. 能享受学习和工作中的乐趣	A. 完全符合　B. 基本符合　C. 不符合
19. 导师或领导布置的任务,即使有困难,也会想方设法完成而不是敷衍了事	A. 完全符合　B. 基本符合　C. 不符合
20. 积极参加企业或团队组织的各项活动	A. 完全符合　B. 基本符合　C. 不符合

说明:A 选项为 1 分,B 选项为 3 分,C 选项为 5 分。总分为 40 分及以下者,敬业度较低;总分为 41~59 分者,敬业度一般;总分为 60~79 分者,敬业度上等;总分为 80 分及以上者,敬业度优异。

你的测评结果是：_____

你认为自己还应该在哪些方面做出努力：

_____
_____
_____
_____
_____

3. 请阅读以下材料，完成相应的练习。

材料一：小王是某企业新入职的员工，谈及诚信，他是这样说的："现在房价这么贵，我们这样的'小年轻'，像样的房子都买不起，都在像电影里讲的'蜗居'，还能有劲头去修炼能力？还能有定力去诚实守信吗？许多人还不是有个变现获利的机会，就出售掉诚信算了。"

你认为小王的观点正确吗？请谈谈你对小王所说的这种现象的看法。（不少于200字）

_____
_____
_____
_____
_____
_____
_____
_____
_____
_____

材料二：2015年"五一"期间，中央电视台推出了一组《大国工匠》报道，讲述了8位在各自领域拥有高超技能的高级技师的事迹，一时间在全国引起广泛关注，人们纷纷赞叹这几位工匠是"中国的8双手"。这组报道的节目制片人崔霞女士说，这8位高级技师除了一直琢磨技能这一基本特点之外，还有一个共同点就是基本上都是（一辈子）在一家企业工作。

你认为在职场中是否应当提倡"一辈子在一家企业工作"？请说说你的看法。（不少于200字）

材料三：某人针对"忠诚"提出这样的疑问，如果企业本身问题很多，怎么办？比如说，它的工作条件极差；它的管理水平很低；它的客户资源极少；它的资金捉襟见肘；它的技术水平不足挂齿；它给的薪金很可怜；它的企业风气很乱，同事们都在借机捞取私利……即便如此，我们也要爱它吗？难道我要认命吗？这会不会是将我"绑架"在这家企业呢？

对于该材料中提出的问题，你是怎么考虑的？请说说你的观点。（不少于200字）

第3章

职业意识

3.1 责任

3.1.1 有责任心

责任心是员工对自己的所作所为负责,对他人、对企业承担责任和履行义务的自觉态度。

关于责任心,比尔·盖茨这样认为:"人可以不伟大,但不可以没有责任心。"如果把员工比作一名骑士,那么,学历只是盔甲,能力只是武器,经验只是坐骑,而驱动骑士前进、使其做出非凡业绩的正是他的责任心。

与比尔·盖茨的认识类似,1973 年,被誉为"现代管理学之父"的彼得·德鲁克将自己几十年的知识经验与思考浓缩到《管理:任务、责任和实践》一书中。在这本书中,德鲁克把责任看成一位严厉的主人,他会约束我们每一个人,如果我们听从他的吩咐,他会慷慨地赐予我们一切。

美国西点军校认为,没有责任心的军官不是合格的军官。同理,没有责任心的员工也不是合格的员工。一家企业,如果员工在工作中普遍缺乏责任心,那么,企业即便其他方面的成绩再突出,迟早也会遭受重大挫折。

【案例】

格林是一家机械设备制造公司的质检员。一天,公司接到了顾客的投诉,有一台印刷机出现了问题,不能正常运行。客服人员按照惯例首先向顾客询问送货员的名字,然后打电话给送货员,没想到送货员十分委屈地回应:"关我什么事,我只是个送货的,你应该找配货员啊!"

客服人员无奈，接着给配货员打电话，没想到对方还没听完就嚷道："我只负责配货，产品出了质量问题，你应该找质检员，是质检员检验出错了吧！"

于是，客服人员将电话打到了格林这里，格林本来想承认错误，承担责任，但他的同事对他使了个眼色，接过电话，说道："我们也不清楚啊，当时检验时没有问题啊，你找铸造部吧！"

接着，客服人员将电话打到了铸造部，铸造师傅理直气壮地说："我们铸造的原件绝对没问题，组装车间有没有组装好，我就不知道了。"

客服人员只好又拨通了组装车间主任的电话，这位主任回答道："我也不清楚啊，或许是这个月忙着赶任务出了点错吧，但是检验车间也没有检查出来啊，不能把责任都推给我们吧！"

就在客服人员打电话的过程中，顾客接连打了三次电话，不是无法接通，就是得到"对不起，我们正在调查原因"的回答。最后一次，顾客有些发怒，大声说道："请你们赶紧派人来维修。"于是，客服人员打电话给售后服务部，没想到维修人员说："维修可以，但要告诉我这件事情谁负责，否则将来出差费用、零件费用怎么报销啊。"

就这样，半天时间过去了，公司还是没有为顾客解决问题。第二天，顾客把电话打到了总经理办公室，这才有维修人员前去维修。在这家公司中，类似的事情接二连三地发生，半年后，公司因产品积压而倒闭。

失业后的格林四处奔波，忙着找工作，可是对方一听说他来自这家公司，就拒绝给他机会。格林只能靠打零工维持生活。

这种"踢皮球"的现象可能在许多企业中都存在，这正是员工缺乏责任心的典型体现。实际上，顾客需要的是企业尽快把机器修好，而不是"对不起，我们正在调查原因"。说这种话的公司是典型的没有责任心的企业，而员工之间互相推诿，是典型的没有责任心的员工，这样的企业破产在所难免。

俗话说，"任其职，尽其责"，但在实际工作中，有些员工敷衍

了事，还总是振振有词，"我其实很不喜欢这份工作""这不关我的事""下班时间到了"……殊不知，正是这种没有责任心的意识使得他们无法成为"高手"。"高手"往往视责任为使命，哪怕身处的岗位微不足道，从事的工作与自己的志趣毫不相关，他也会集中精力把自己的工作做到最好。

【案例】

一位著名的心理学博士做了一项百人问卷调查，所调查的100人都是全球在自己领域内取得卓越成就的人，调查结果令他非常惊讶——其中61人坦诚地表示，他们从事的工作并不是他们最喜欢的，至少不是他们心中最理想的职业。

然而，他们在各自的领域内取得了非凡的成就，如果不是兴趣推动他们成功，那又是什么呢？心理学博士非常好奇，他继续着自己的调查，纽约证券公司苏珊的经历帮助他找到了答案。

苏珊的家境很好，很小就接受了良好的音乐启蒙教育，她非常热爱音乐，希望能够以音乐作为自己的人生职业。但是，阴差阳错，大学时她攻读了工商管理专业。尽管一向沉浸在音乐世界中的她很难喜欢这一严肃枯燥的学科，但是，做事一向认真的苏珊学习非常刻苦，每学期都能取得优异的成绩。大学毕业时，苏珊被保送到美国麻省理工学院攻读MBA（Master of Business Administration，工商管理硕士），后来，她又以优异的成绩取得了经济管理专业的博士学位。

尽管苏珊已经在证券界取得了不俗的成绩，但她仍然有些遗憾地说："老实说，到现在，我仍不喜欢自己从事的工作。如果我能够重新选择，我会毫不犹豫地选择音乐。但我知道那只能是一个美好的'假如'了，我只能把手头的工作做好……"

博士继续问："既然你不喜欢你的专业，为何你学得那么棒？既然不喜欢眼下的工作，为何你又做得那么优秀？"

苏珊坚定而自信地回答："因为我在那个位置上，那里有我应尽的职责，我必须认真对待。""不管喜欢不喜欢，那都是我必须面对的，我没有理由草草应付，必须尽心尽力、尽职尽责，那不仅是对工作负责，也是对自己负责。有责任心就可以创造奇迹。"

博士在之后的调查中发现，其他成功人士也说出了与苏珊相似的理由。最后，博士得出答案——在高度责任心的驱使下，他们赢得了令人瞩目的成功。

对这些人来说，面对暂时无法改变的事实，高度的责任心激发出他们对工作的激情，当别人把时间浪费在无谓的抱怨和抵触中时，他们在全力以赴；当别人沉浸在命运不公的哀怨中时，他们已经成长、飞翔、走向卓越。可以说，"你将责任放在什么位置，责任就会相应地成就你的人生位置。"

3.1.2 没有借口

在日常工作中，判断员工有无责任意识的一个标准就是员工是否会为工作未达到目标而找借口。

某企业先后派了两个人去某地办事，两人都要经过一个荒废的渡口。第一个人在渡口转了半天也没有找到渡河的工具和方法，就讪讪地回来如实汇报。第二个人圆满完成任务，回来复命。领导问他是怎么渡过渡口的，他回答："渡口周围长满了竹子，我做了个竹筏渡河。"后来，第一个人承认，他当时看到渡口没有渡船，一门心思地就在考虑借口，根本没有注意到河边的竹林。

工作中，一旦没有达到预期目标，找借口不仅于事无补，反而会分散精力、浪费时间，养成推脱责任、散漫慵懒的工作作风。但凡成功的人，都是敢于承担责任、从来不找任何借口的人。员工要养成"不找借口找原因"的思维习惯，一旦工作中出现失误，能勇于负责，把精力集中在解决问题上，减小失误带来的损失。

【案例】

她是一个有着颇高芭蕾艺术天赋的人，很小的时候，她就能随着音乐翩翩起舞，经过俄罗斯芭蕾舞老师的严格教育，她的天赋逐渐地展现出来。她16岁首次登台，就演绎了芭蕾舞经典巨作——《天鹅湖》，成为芭蕾舞台上一颗冉冉升起的新星。

不幸的是，19岁时她患上了几乎要迫使她结束艺术生涯的眼疾。21岁时，她被诊断为视网膜脱落，必须接受手术。她先后在纽约、哈瓦那和巴塞罗那接受了五次手术，其间医生严令她"不许哭，不许笑，不许使劲咀嚼，不许摇头晃脑"。这让她心急如焚。要知道：芭蕾舞一天不练自己知道，两天不练同行知晓，三天不练观众明白，一年不练习就意味着她芭蕾舞生涯的结束。于是，她躺在床上暗中练擦地、绷脚背，保持脚面和脚腕的灵活，并让同是舞蹈家的丈夫用手指替代脚尖在她胳膊上不停地表演古典芭蕾舞剧目，用她的话说，这就是"用脑子跳舞"。

一年后，她以半失明的状态重登舞台，用轻盈飘逸的动作、精确的乐感和充满戏剧张力的表演，完美地演绎了吉赛尔这一角色，一举成为纽约芭蕾舞剧院的独舞演员。

虽然表演事业蒸蒸日上，但是她的眼疾却一天天恶化。丈夫劝她放弃跳舞，可她却毅然选择了难度更大的双人舞。经过无数次刻苦的练习，她再次成功了。

观众在知道她几乎"双目失明"的事实时，都非常惊讶。记者们问她："您的视力如此不佳，为什么还能取得这么好的成绩？"她淡淡一笑，说："因为我不给自己找任何借口，所以就一路走到了今天……"

她眼睛的视角只有45度，却凭借过人的意志和对艺术赤诚的责任感，跳遍了经典芭蕾舞剧目，被誉为融高难技术和精彩表演于一体的"最佳吉赛尔之一"，她打造出的古巴国家芭蕾舞团如今已成为世界一流的芭蕾舞团。她就是赫赫有名的阿丽西亚·阿隆索，她是古巴的骄傲，更是世界芭蕾舞界的骄傲。

做事不找借口，勇敢承担生命的重量。一个人如果能像阿隆索这样秉持这种信念，就会不断超越自我，走向成功。

林肯说："逃避责任，难辞其咎。"做事不找借口，不仅要求你停止遇事找借口的惯性思维，还要求你停止"这不关我事"的思维，积极负起责任，发挥更大的能量，收获更大的成功。

今天这事不关你事，那事不关你事，很快企业的所有事情就都不关你的事了。反思一下自己，你的身上是否存在冷漠、麻木、不负责任的影子呢？

企业招聘员工就是为了解决问题，为企业排忧解难。而遇事找借口，动辄就说"不关我事"的员工却不仅不能为企业排忧解难，反而还会制造问题和烦恼，这样懒散、不肯动脑、破坏大于产出的员工，试问哪家企业会喜欢呢？

3.1.3　重视结果

对企业来说，能够做事情、出结果的员工才是好员工。如果你想成为一名负责任的好员工，就要经常问自己一句"我把结果带回来了吗？"

爱迪生成名之后，有人讽刺他全靠运气，爱迪生回答道："我平生从来没有做出过一次偶然的发明，我的一切发明都是深思熟虑和严格试验的结果。"爱迪生的话告诉我们：唯有执行，才出结果。

世上有一些人，他们庸庸碌碌、落魄不堪，但如果把他们立下的宏伟壮志集中起来，却足以写出一本名人传记了。有些员工整天把胸脯拍得山响，但即使领导把最简单的任务交给他，他也拿不出结果。这些人是语言的巨人，行动的矮子，企业的"蛀虫"。

墨子讲："言不信者行不果。"可见，光说不做是出不了结果的，要想出结果，就得展开行动，努力去做。做负责任的好员工，至少要干得比说得漂亮，做得比答应得精彩。

【案例】

王衍,字夷甫,琅琊郡临沂县(今山东临沂北)人,西晋大臣、名士。

王衍长得十分俊秀,行动起来安详文雅,看起来很像翩翩君子。王衍幼年时,有一次去拜访当时的名士山涛。山涛认真看了王衍一会儿,不禁慨然而叹:"不知道是哪位妇人竟然生出了这样的儿子!然而误尽天下老百姓的,一定是这个人啊!"

公元273年,晋武帝下诏书征集人才。当时王衍喜欢谈论纵横之术,因此尚书卢钦举荐他为辽东太守。可王衍不但没有去赴任,反而从此以后不再谈论纵横之术,而是吟咏诗歌,谈论玄学。

后来,王衍步入仕途,先任太子舍人,后又升为尚书郎,之后又出任元城令。他并不热心处理政务,每天只是清谈而已。在清谈时,凡是他觉得不妥当的地方,就马上更改,被人们称为"信口雌黄"。但他接连担任显要的职务,后来竟然做到了尚书令。

西晋末年,"八王之乱"爆发。王衍身为国家重臣,不关心政事,依旧和一帮名士整日玄谈,并开始为自己谋划归路。他任命弟弟王澄为荆州刺史,族弟王敦为青州刺史,并对他们说:"荆州有长江汉水的坚固,青州有背靠大海的险要。你们两个镇守外地,而我留在京师,就可以称得上'狡兔三窟'了。"当时有见识的人都很鄙视他。

后来王衍担任太尉,但仍然不理朝政。石勒打败晋军后,派人叫来王衍,问他西晋灭亡的原因。王衍说自己从年轻时就不喜欢参与政事,不了解这些事情。石勒大怒,对他说:"你名声传遍天下,身居显要职位,年轻时即被朝廷重用,一直到头生白发,怎么能说不参与朝廷政事呢?破坏天下,正是你的罪过。"于是下令推倒墙壁压死王衍。王衍临死前,看着别人说:"我虽然不如古人,但如果平时不崇尚浮华虚诞,努力匡扶天下,也不至于到今天的地步。"

后来史学家评论王衍时发出了"清谈误国"的感叹。身处要职而专事清谈，不能尽好对国家、对人民的责任，这实在令人痛惜！员工在企业中，无论职位高低、职责轻重，都不能做清谈之士，而要做务实之人。要知道：坐而言，不如起而行。

《论语》中讲"言必信，行必果"，员工工作也要如此，说了就一定要做到，做事就一定要出结果。

员工再优秀，拿不出成果，也不算是好员工。能抓住老鼠的未必是好猫，但抓不住老鼠的肯定不是好猫。在这个社会，员工就要努力做一只能抓住老鼠的猫，只有这样才有机会发展自己，变成成功的"好猫"。

【案例】

泰勒是硅谷一家小型科技公司的人力招聘官，他所在的这家公司主要为大公司的手机操作系统研发应用软件。2007年11月，谷歌推出了基于Linux平台的开源手机操作系统，即安卓系统。安卓系统推出后，因为允许各公司自行开发应用软件，且免费，因此深受企业和用户欢迎，发展极为迅速。

泰勒的老板布莱克也不想错过这个难得的机遇，因此，他立刻命令泰勒招聘一批合格的应用软件开发人员。泰勒不敢怠慢，立刻行动。可是，他很快就发现这个任务完成起来艰难无比，自谷歌推出安卓系统后，为手机开发应用软件的程序员供不应求，是硅谷的"抢手货"。泰勒所在的公司是个小公司，没什么名气，待遇方面也没什么竞争力，因此，一个月下来，泰勒连一名合格的程序员都没有招聘到。

老板布莱克勃然大怒，虽然泰勒百般解释，可是仍然被"扫地出门"。随后，老板任命泰勒以前的助手琼斯为公司的人力招聘官，把这个任务又交给了他。

有了泰勒的前车之鉴，琼斯知道自己没有退路了。他放下身段，用尽一切方法与那些程序员取得联系，对方表示没时间到公司来面试时，琼斯就说自己可以在周末登门拜访。在碰了几次壁之后，琼斯总

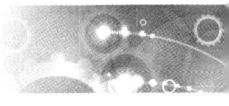

第3章　职业意识

算联系上一名很优秀的程序员汤姆,汤姆设计的几款小游戏下载量一直很高。一个周末,琼斯带着精心准备的小礼物来到了汤姆的家里。一番促膝长谈后,汤姆终于答应到琼斯的公司上班。

在汤姆到公司上班的当天,老板布莱克就当众表扬了琼斯,并奖励他1 000美元的奖金。

或许在招聘过程中泰勒真的面临着很多困难,但做员工的底线就是提供结果。没有哪个企业会喜欢一个招不来人的人力招聘官,也没有哪个企业会留下做事拿不出结果的员工。

把结果带回来,做一名负责任的员工,这是走向事业成功的前提。世界上诞生董事长、总经理最多的院校既不是哈佛大学,也不是耶鲁大学,而是西点军校。那些优秀的商学院传授给学生专业知识和经验,而西点军校则告诉学生"你必须把结果带回来"。

失败有一千种理由,但成功却只有一种方法:做任何事情都出结果。想象一下,几个人同时去企业面试,有人有学历,有人有经验,有人有创意,有人能把结果带给企业,面试官会选择哪一个?

3.2 团队

3.2.1 会融入

员工建立团队意识的第一步也是最重要的一步就是融入团队。在实际工作中,融入团队的过程包括环环相扣的三个环节:热爱团队、欣赏同事和建立良好关系。

(1)热爱团队

热爱团队是员工融入团队的第一步,也是员工在团队中成长和发展的前提。要融入团队就必须热爱团队,热爱自己的工作,通过自己的努力获得领导和同事的帮助和认可。任何待在自己不喜欢的团队中的人都是无法开心的,而一个不开心的人又能做成什么呢?

员工与团队的关系是最密切的,员工大多数时间都在团队里工作,与同事打交道的时间甚至比家人还长。团队成员一起经历风雨,感受苦辣酸甜,只有热爱团队,相互抱团取暖,互相支撑,才能在给予团队无穷力量的同时从团队中汲取力量。团队是员工的基本力量,有时甚至是唯一可以依靠的力量。

作为员工,只有热爱自己的团队,自觉维护团队信誉,与团队同甘共苦,同荣共辱,才能与同事一起将它建设成一支团结的、强大的、能够在竞争中夺取胜利的团队。

(2)欣赏同事

有的人无论到哪里工作都能很快适应,并迅速和其他人打成一片;也有的人无论到哪里工作都与别人格格不入。前一种人,会欣赏人,会团结人;后一种人,只欣赏自己,不团结他人。

俗话说,"尺有所短,寸有所长",没有人十全十美,也没有人一无是处。无论你在哪个团队,同事都是各有各的优点和缺点。这时候,你要学会欣赏同事,用"放大镜"看同事的优点,用"宽容心"待同事的缺点。这不仅能帮助你处理好与同事的关系,也有利于团队工作的进行和自我的发展。

【案例】

玛丽在IBM(International Business Machines Corporation,国际商业机器公司)情报室工作,她每天穿着美丽而合体的套装,给人的第一感觉是,她是一位非常优秀的职业女性。她在情报室工作5年了,每天熟练地剪报和编辑、粘贴各种资料,把重要的资料分门别类地保存起来。她工作的熟练程度令人钦佩不已,看起来,她极为喜爱这份工作。

然而,对工作的这份喜爱和优秀使她看不惯那些懒懒散散、效率低下的同事,而这些同事也对玛丽又敬又怕。每天,当她看到那些人

慢悠悠地摆弄剪刀、胶水、档案袋和电脑时，她就会满腔怒火。例如，她不明白为什么休斯一天整理的资料还不及她的三分之一，不明白为什么德克只喜欢摆弄电脑而不管档案袋。她和同事的关系紧张极了。

后来，玛丽终于忍不住了，她冲进经理的办公室，怒气冲冲地说："我到这儿工作，可不是为了和这样一群人待在一起！"

事实上，关于玛丽的不满情绪，经理早有耳闻。他看着玛丽，平静地说："你比那些人更能干，这我清楚。但是，你为什么不试着去了解一下他们。休斯、德克、墨菲、斯嘉丽……他们都在我面前说过你的好话，并以你为榜样。"

玛丽红着脸说："那他们也不能这么对待工作啊！"

经理耐心地解释道："我相信每个人都有他独特的工作方法。休斯擅长寻找最重要的资料，德克则能够从网络上找到报纸上没有的资料，汉克统计的财务报表出色极了……"

玛丽陷入了沉思，经理很少去情报室，然而他比自己更了解这些人，或许自己以前对待同事的态度是错误的，自己从没想过去了解和欣赏他们。

经理看着玛丽，微笑着说："我相信情报室会成为一个其乐融融的大家庭的，你也相信，对吗？"

玛丽用力点了点头，她决定改变自己对同事的看法，试着去欣赏他们。

学会欣赏同事不仅有利于团队工作的开展，还能够使你收获一份好心情和很多好朋友。欣赏同事，是一种历练、一种涵养、一种境界，做到这一点，你每天都会拥有开心的8小时，而且在同事的帮助下，相信你的工作会更加出色，前途也会更加光明。

（3）建立良好关系

当员工能够认可团队的价值观与行为模式、欣赏身边的同事时，与团队成员建立一种良好的工作关系便是一件水到渠成的事情，而团队也会在这个时候正式接纳员工成为团队的一员。这个过程十分微妙，值得每一名员工深思。

总之，一个团队就是一个小社会，身为职场人，我们待在团队中的时间不会比家里短，因此，我们要热爱团队，学会欣赏同事，学会享受团队生活。

3.2.2 善合作

员工融入团队后，要尽快找到自己的位置，实现自己的团队价值。要实现这一目标，员工必须善于合作。

如今的社会是一个合作的社会，是一个高度专业化和复杂化的社会。没有与他人的紧密合作，只靠个人的智慧和力量只可能获得一时的成功，永远不能获得持久的成功。据调查，合作能力已经被社会各行业视为最重要的能力之一。

团队合作是推动企业和个人发展永恒的力量。团队是由为达到共同目标而相互协作的人组成的小组，而团队合作则是团队成员为达到既定目标所显现出来的自愿合作和协同努力的精神。

没有完美的个人，只有完美的团队。懂得合作的员工往往能够以最快的速度融入团队，找到自己的位置，实现自己的价值。

【案例】

一位行为善良的信徒弥留之际躺在床上，天使走到他面前说："好人，你一生中做了这么多的好事，我将在你撒手尘世之前帮你实现一个愿望。"

"谢谢，我的天使！我一生最大的遗憾就是没有见过天堂和地狱。你可以在我死之前带我去看看这两个地方吗？"信徒说。

"可以，先生。我先带你去地狱吧！"天使说。

信徒和天使一起来到地狱。在那里，他们看到一张桌子，桌上摆

满了丰盛的食物。信徒对天使说:"地狱的生活看来不错,是吧?"

"耐心看一下,你就会看到差别的。"天使回答说。

过了一会儿,晚餐时间到了。一群非常瘦小的人来到桌前坐下,每个人手里有一双10米长的筷子。他们用尽各种办法想把食物送到自己嘴里,但是都失败了,因为筷子太长了。

"这太惨了!怎能这样对待这些人?让这些人看到美味佳肴,但是不让他们吃到!"信徒对天使说。

在天堂,信徒看到同样的桌子和食物,每个人手里也有一双10米长的筷子。唯一不同的是,每个人都用筷子喂桌子对面的人,最后每个人都饱饱地享受了一顿美餐。

如果把天堂之人与地狱之人看成两个团队,那么,他们的区别就在于,面对同样的情况,"天堂团队"通过成员间的相互协作最终实现了目标,而"地狱团队"中各成员都在独自努力,付出很大力气却没有任何结果。

如果一个人只考虑自己的利益,而不顾及团队的整体利益,那么这个团队就是一盘散沙,得不到很好的发展。团队需要的是像铁板一样的紧密团结。员工之间完美的合作才可能将团队由"散沙"变成"铁板"。

【案例】

F1,即世界一级方程式锦标赛,是由国际汽车运动联合会举办的年度系列场地赛车比赛,是方程式赛事中的顶级赛事。很多人欣赏F1车手的风采,但却不清楚这项比赛中团队协作也至关重要。

比赛中团队协作最关键的就是赛车中途进站加油换胎(Pit Stop)时的效率。在Pit Stop浪费一秒钟,就可能对比赛的胜负产生决定性的影响。

赛车每一次停站都需要22位工作人员的参与。从他们的分工便可看出其协作的精密程度。

12位工作人员负责换胎（每3位一个车胎，其中，1位负责拿气动扳手拆、锁螺栓，1位负责拆旧轮胎，1位负责装上新轮胎）。

1位工作人员负责操作前千斤顶。

1位工作人员负责操作后千斤顶。

1位工作人员负责在赛车前鼻翼受损必须更换时操作特别千斤顶。

1位工作人员负责检查引擎气门的气动回复装置所需的高压力瓶，必要时补充高压空气。

1位工作人员负责持加油枪，这通常由车队中最强壮的技师操作。

1位工作人员协助扶着油管。

1位工作人员负责加油机。

1位工作人员负责持灭火器待命（停站时的失误有可能引起火灾）。

1位工作人员被称为"棒棒糖先生"，负责持写有"BRAKES"（刹车）和"GEAR"（入挡）的指示板，当牌子举起时，即表示赛车可以离开维修区了。而他也是这22人中唯一配备了用来与车手通话的无线电话的。

还有1位负责擦拭车手安全帽。

团队中每个职位都有其存在的理由，都发挥着不可替代的作用。如果团队中每名成员在合理分工的基础上能够各司其职、各尽其责，最终一定能够使团队协作向系统化、流程化的方向发展。

作为企业员工，要认识到单凭自己一个人根本无法完成一个规模庞大的项目，所以，要想为企业创造更多的价值，必须具备合作意识和合作精神，将团队利益置于个人利益之上，真正地融入团队，在尽自己本职的同时与团队成员协同合作。

小合作有小成就，大合作有大成就，不合作则难有成就。团队合作可以集合团队成员的所有资源和才智，当团队合作均出自所有团队成员的自觉自愿时，它必将产生一股强大而持久的力量，推动团队发展。

在实际工作中，随着任务复杂程度的提高，对团队合作水平的要求也在不断提高。员工只有不断提高自己的合作意识和能力，才能够接受更加重要而复杂的任务，才能更好地实现自身价值。

3.2.3 统价值

作为团队的一员，员工不可避免地要学习团队价值观，参与团队文化建设。

团队文化建设中最重要的就是打造共同价值观。明确的、得到全体团队成员一致认同的价值观是团队建立与发展的基石和保障，它可以持续指导并影响整个团队的行为和思维模式，使团队的合作能力得到极大提升。

共同价值观具有下图所示的五个特点，可以促使团队成员之间相互理解，保证团队成员对其正在做的事情保持整体立场一致，促使团队成员有效协作。

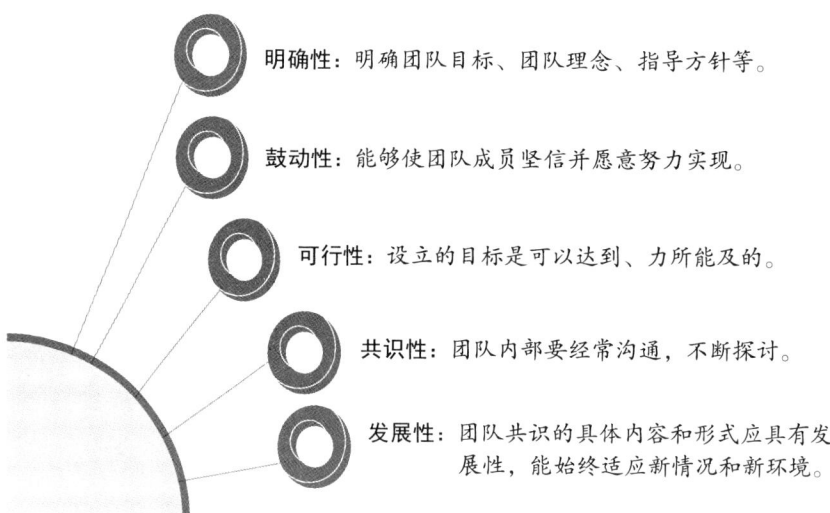

明确性：明确团队目标、团队理念、指导方针等。

鼓动性：能够使团队成员坚信并愿意努力实现。

可行性：设立的目标是可以达到、力所能及的。

共识性：团队内部要经常沟通，不断探讨。

发展性：团队共识的具体内容和形式应具有发展性，能始终适应新情况和新环境。

共同价值观只有根植于团队成员的心中，内化为团队成员个人的价值观，才能产生共鸣，成为团队整体的价值观。而要实现这一点，就要借助一定的手段，通过潜移默化的方式逐步落实。

手段1：通过管理者的言传身教感受。

手段2：通过培训接收。

手段3：通过活动体会。

共同价值观一旦建立并深入人心就会使团队形成共同的奋斗目标、和谐的工作氛围、较强的凝聚力与向心力，从而实现团队的良好运作。

3.2.4 化冲突

企业员工之间不可避免地会出现各种冲突，及时化解冲突极为重要。

冲突不可能彻底消除，但可以有效化解。化解冲突是一门艺术，需要员工用心体会，寻找方法。

办事不能一刀切，冲突不能一概而论。凡事都具有两面性，冲突也是如此。对待冲突，既不能置之不理，也不能一竿子全部打死。

【案例】

1860年的某天，银行家巴恩前去拜访美国总统林肯，正巧看见参议员蔡思从总统的办公室出来。巴恩对蔡思十分了解，他对林肯说："如果您要组阁，千万不要将此人选入，因为他是个自大的家伙，他甚至认为自己比您还要伟大。"

林肯笑了笑说："除了他以外，您还知道有谁认为自己比我伟大呢？""不知道，"巴恩答道，"您为什么这样问呢？"林肯说："因为我想把他们都选进我的内阁。"

事实上，蔡思确实是个极其自大且妒忌心极重的人，他狂热地追求最高管理权，却败于林肯，最后，只坐了第三把交椅——财政部部长。但是，蔡思的确是个人才，在政府财政预算与宏观调控方面很有一套。林肯一直十分器重他。

辨不明善恶理难明，分不清好坏事难办。蔡思和林肯之间的冲突就是一种没有根本竞争关系的冲突，通过林肯的有效管理，该冲突很

好地帮助林肯实现了对国家的管理。

冲突有竞争性冲突和非竞争性冲突之分。竞争性冲突危害性大，必须尽快使用各种手段消除；非竞争性冲突则可以通过积极引导，使其变成对团队有利的因素。有时处理好冲突比阻止冲突发生更重要。

最优的冲突处理方法诞生于宁静的心绪，所以在面对冲突时要保持冷静。在处理冲突的过程中，公正无私能够填平鸿沟、摧毁藩篱，关键是实事求是、解决问题。

3.2.5 共成长

团队中每名成员都对团队的未来负有不可推卸的责任，因为未来属于大家。思考并预防团队可能会面临的危机，为团队未来的发展开辟出新的道路，这是每一名团队成员必须具备的责任意识。

车尔尼雪夫斯基曾说："未来是光明而美丽的，爱它吧，向它突进，为它工作，迎接它，尽可能地使它成为现实吧！"没有人可以保证团队的未来是光明的，但如果所有人都能心怀未来并为之努力奋斗，这种可能性就会增加很多。

在思考团队未来时，我们首先考虑的应该是如何防止团队滑向深渊。《左传》中称"居安思危，思则有备，有备无患"，意思是说，处在安乐的环境中，要想到可能有的危险，多思考才能有所准备，有所准备就可以避免祸患。人生在世，不可能一帆风顺，那些基业长青的团队只是拥有很多具有危机意识的成员罢了。

很多人往往只担心自己的未来而丝毫不考虑团队的发展，但试想，如果团队的明天一片阴霾，你的明天还会光辉灿烂吗？皮之不存，毛将焉附？每个人首先想到的应该是如何保住团队这张"皮"，然后再去想如何让自己这根"毛"发展壮大。预防或化解团队危机，这也是在为自己的成长之路清除荆棘，作为团队成员，必须明白这一点。

【案例】

1994年春天，IBM公司CEO路易斯·文森特·郭士纳在纽约召开了上任后的首次高级管理层会议，与会者包括总公司各个部门和全球各个分公司的管理人员。

会议一开始，郭士纳就展示了关于公司客户满意度问题和市场份额问题的两幅图。市场份额图表明，自1985年以来，IBM在相关行业中所占的市场份额已经下滑了一大半；客户满意度图显示，IBM的客户满意度已经降低到同类型企业中的第11位。一切都糟糕极了，很明显，IBM处于困境之中。

郭士纳皱着眉头说："我去拜访甲骨文公司总裁拉里·埃里森时，对方对我说，'IBM？我们甚至连想都不想这家公司了。它是还没有死，但是，它已经微不足道了'。他蔑视IBM，认为IBM没有明天。"

略做停顿后，郭士纳继续说道："对于市场中发生的一切，你们有什么感想？这些家伙抢走了我们的市场份额，我不知道你们是怎么想的，但我一点儿也不希望出现这样的情况。屋顶快要塌下来的时候，就应该去修理它，是不是？"

全场鸦雀无声，所有人都惭愧极了。郭士纳说的没错，过去的几年大家好像都没关心过IBM的命运，所有人都眼睁睁地看着它一点点衰落下去。

接着，郭士纳总结道："我们正在成为市场中的笑柄，竞争对手正在抢夺我们的业务。我希望我们现在能够开始反击，使我们的竞争对手成为市场中的笑柄。这将是一场只能成功不能失败的战斗，所有人都必须全力参与，我们必须在市场中胜出并给予竞争对手狠狠的反击，否则，结果难以预料。"

郭士纳向人们表达了他极大的疑惑和愤怒："来到IBM后，我已经收到无数封电子邮件。每一封我都阅读过，但我想不起哪一封是热情地讨论竞争对手和IBM未来的，相反，它们中绝大多数都在争论IBM各个部

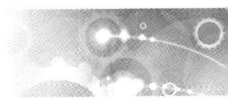

第3章 职业意识

门之间的关系。我发现我们公司中的人只关注公司内部各个部门之间的竞争,而丝毫不在意IBM的生死存亡,这不是一种值得鼓励的行为。"

最后,郭士纳激动地说:"公司的未来掌握在你们所有人手上,我们要挽救IBM并使它重现辉煌。这项工程只靠郭士纳一个人是无法完成的,它需要公司全体员工的共同努力。"

当所有人都失去危机意识,不再关心企业生存,不再努力解决问题时,"蓝色巨人"陷入了泥潭,濒临灭亡;而当所有人都具备危机意识,将目光瞄准企业未来,并付出种种努力以阻止企业继续衰落时,"蓝色巨人"又恢复了生机,再创辉煌。

与团队共同成长,与团队共赢未来,这应该成为所有职场人的信仰。思考团队的未来,为其预防危机,为其开拓道路,这是上天赐给团队成员的神圣使命,也是指引团队成员走向成功的光明之路。

一滴水放入大海,就不会干涸,一个人只有融入团队,才能有超越自我的成就。企业员工若想让自己变得更优秀,就需要和许多优秀的人一起合作,大家互补、互助、互励、互动,不断实现自己的价值,将企业做大做强。

作为员工,我们可以按照下图所示的方式,积极培养自己的合作意识和合作精神,不断提高自己的合作能力,让自己在团队中收获更多的价值。

怎样提高自己的合作能力

1. 摒弃个人英雄主义,不过分表现自己。
2. 愿意与其他成员互通有无,实现信息共享。
3. 信任和尊重其他团队成员。
4. 愿意无私地帮助自己的同事。
5. 以团队价值观为工作准则。
6. 与他人合作的过程中求同存异,相互适应。
7. 履行自己的承诺,勇于承担责任。

3.3 规矩

3.3.1 讲规矩

对员工来说，树立规矩意识的第一点就是服从，即服从规章制度的意识。服从，是员工走向优秀的第一步，是卓越员工必备的职业素养之一。

同仁堂是全国中药行业著名的老字号，它创建于1669年，在300多年的风雨历程中，历代同仁堂人始终恪守"炮制虽繁必不敢省人工，品味虽贵必不敢减物力"的堂训，树立了"修合无人见，存心有天知"的自律意识。

同仁堂有一味药叫作紫雪丹，按古配方要求，该药应使用"金锅银铲"煎制。因为成本太高，很多医家都未按要求煎制。但同仁堂人不忘堂训，20世纪初，乐氏家族曾经为制造紫雪丹发动各房将金银首饰拿出来，放入锅内与药同煮，确保了紫雪丹的制药质量，成就了一段佳话。在一定程度上，可以说，是同仁堂人服从企业制度的意识造就了同仁堂的基业长青。

那么，企业为什么需要员工树立服从意识呢？原因就在于，员工的服从是团队协调运作的条件，可以保持政令畅通、上下同欲；员工的服从还可以形成强大的执行力，促进企业的发展。劳恩钢铁公司总裁卡尔·劳恩对他的员工再三强调服从，他说："军人的第一件事情就是学会服从，整体的巨大力量来自个体的服从精神。在公司中，我们更需要服从精神，上层的意识通过下属的服从很快会变成一股强大的执行力。"

员工如果想在职场上有进一步的发展，首先要具备服从意识。无论何时何地，都应该无条件服从企业安排，遵守企业纪律，坚决执行

上级指令。凡是这样做的，必能获得认可和信任。

【案例】

德国《明星》杂志曾经报道，一家研究机构的调查数据显示，在西方国家中，德国人最具"服从惯性"。该研究机构向来自6个国家的民众分发了问卷，其中一个问题是"你更愿意自我管理还是更习惯服从指令"。近半数美国人的回答倾向于自我管理，41%的瑞典人和40%的日本人也选择自我管理，但选择自我管理的德国人仅有8%。

在德国，人们视遵纪守法为最高伦理原则。在德国地铁站，你看不到售票员和检票员，看到的大都是信息咨询台和自动售票机。在那里，乘客大都靠着服从法律的自觉意识购票上车。德国人遵纪守法的意识从孩童时就开始培养了，而这种培养在点点滴滴的生活中无时无刻不在进行着。例如，等红灯时，父母不仅会以身作则，还会制止其他不遵守规定的人（这些不遵守规定的人大都是到德国的外国人），因为他们的行为会影响身边孩子的想法。

德意志民族是一个讲究秩序的民族，大到国家事务，小到日常生活，他们都会严格遵守秩序。例如，德国对商店的营业时间有严格规定，一般店员早7时上班，擦拭门窗、整理货物，8时开门营业，中午不休息，下午6时关门。从星期六下午2时起，各商店停止营业，星期天关门休息。德国每家商店都会严格遵守营业时间，从不超时营业。

德国人的服从观念还体现在守时等方面。德国的公交车司机都是遵时守刻的"模范"，不提前，也不迟到，时间到了，准时发车。德语中有一句话，"准时就是帝王的礼貌"。德国人如遇正式邀请，往往会提前出门，如果到达时间早，便开车转一圈或在附近散散步，时间到了准时赴约。

正是源于这种深入骨髓的服从意识，德国人才形成了一种认真、严谨、执行力强的民族性格，才能制造出象征高品质的"德国制造"。

关于服从意识，德国人信奉一条朴素的真理："既然有规定，就必须遵守，否则规定还有什么意义。"职场中也是如此，如果员工有法不守，有令不听，那还要什么纪律，更谈不上企业发展了。然而，没有了企业，员工又到哪里去实现自己的理想呢？

有些员工一听到服从，往往就会想到它的对立面——缺乏个性的唯唯诺诺。为了表示他们自己个性鲜明、独树一帜，他们对领导的吩咐、企业的规定满不在乎，恃才傲物，甚至故意违反以示个性，这样的人无疑会成为企业发展的障碍。

3.3.2 能自律

员工树立规矩意识除体现在服从规章制度方面外，更重要也是很容易被忽视的就是树立自律意识。

自律，就是在没有人监督的情况下，能够克制自己的情绪，遵循某种原则和规律进行自我约束。一提起自律，很多员工会想到重重约束，但是，能够做到自律的人却能够从中获益良多，提升自己的能力并为自己赢得成功。

张伯苓是南开大学的创办者，有一次他看见一名学生的手指被熏得焦黄，便对这名学生说："吸烟对青年人身体有害，你应该戒掉它！"但这位学生反唇相讥："你不也吸烟吗？为什么只说我？"张伯苓立即将自己的烟全部拿出来销毁，表示不再吸烟。从那之后，张伯苓再没吸过烟。

【案例】

杰瑞·莱斯被誉为美式足球最伟大的接球员之一，他在美式足球职业联盟中一共保有38项纪录。知道杰瑞·莱斯的人会认为他是天生的运动员，他体能惊人且罕见，是每一位足球教练都想得到的前锋球员。但是，熟识他的人知道，他的一切成就都源于他强大的自律力。

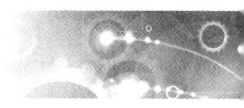

职业素养

莱斯还在高中校队的时候，教练规定每次练习前球员必须以蛙跳的方式来往于一座40码（36.576米）高的山丘，20趟后才能休息。美国密西西比州夏季天气炎热且潮湿，莱斯在完成第11趟练习后就感到体力严重透支。当他打算偷偷返回球员休息室时，他意识到自己的想法是错误的。"不可以放弃，"他对自己说，"因为一旦养成半途而废的习惯，你就会把它视为正常。"他毅然回到练习场上完成余下的蛙跳练习。从此以后，他再没产生过半途而废的想法。

成为职业球员后，莱斯又坚持在位于美国加利福尼亚州圣卡洛斯的全长约2.5里（4 023.36米）的野外山径训练体能。尽管有些足球明星偶尔也会到这里参加练习，但是没人能够追得上他。球季结束后，在其他球员都去度假时，莱斯仍旧保持日常的作息——每天早晨7时开始做体能训练，一直到中午，许多年来从未中断。

1997年8月31日，莱斯在球场上摔破膝盖骨，很多人认为这会断送他的运动生涯。但是，依靠自己绝不服输的决心及严格自律的复健和锻炼，三个半月后，莱斯重回赛场。在他20年的足球运动生涯中，他只错过17场比赛，其中14场是因为这次膝伤。伤愈后的莱斯继续创造佳绩，帮助球队赢得胜利。

莱斯服从职业发展对自己提出的要求，数十年如一日坚持训练体能，把自己的潜能发挥到极致。他被公认为是美式足球前锋球员的最佳代表，这些与他高度自律的精神是分不开的。

现代管理学之父彼得·德鲁克曾指出："未来的历史学家会说，这个世纪最重要的事情不是技术或网络的革新，而是人类生存状况的重大改变。在这个世纪里，人将拥有更多的选择，他们必须积极地管理自己。"不懂得管理自己、缺乏自律意识的员工一定难以适应时代的变化，最终被其抛弃。

员工缺乏自律意识危害很大，它会使企业效率低下，也不利于员工个人的发展。

那么，应该如何解决这个问题呢？作为员工，首先要意识到缺乏自律意识的危害，其次要找出自律的积极点和动力点，最后要制订科学、合理的计划。例如，规定自己每天找出一项工作任务，要求自己全神贯注做完，并坚持把这个计划实施下去。如果有一天没有完成计划，你可以对自己做出相应的惩罚。

即学即用

1. 请结合你的工作实际完成以下练习。

你的职业（岗位）名称：_____

（1）你的岗位目标是：

_____
_____
_____
_____

（2）你的岗位职责是：

_____
_____
_____
_____
_____
_____

（3）仔细阅读你的岗位职责，分析哪些是你现在可以独立承担或完成的，哪些是你还需要导师指导或同事协助才能完成的？

你可以独立承担或完成的岗位职责：

_____
_____
_____
_____
_____

你需要在导师指导或同事协助下才能完成的岗位职责：

_____
_____
_____
_____

（4）从你的角度看，目前你的岗位工作中存在或可能存在哪些问题（可以是技术问题，也可以是工作效率问题等），努力思考并寻找解决问题的方案。（如无法写出解决方案，也可列出你认为可行的有利于解决问题的学习或工作计划）

序号	工作中存在或可能存在的问题	解决方案／学习或工作计划
1		
2		
3		
4		
5		
6		

注：如需要，可另附页。

2.用心观察你所在团队（或班组）中的每一位成员，完成以下练习。

（1）企业对你所在团队（或班组）确定的工作目标是：

_____

_____

_____

_____

（2）你对所在团队（或班组）的印象是：

_____

_____

_____

_____

（3）仔细观察所在团队（或班组）的每名成员，分析他们的特点，寻找他们的闪光点，学人之长，补己之短，并分析为了实现团队（或班组）目标，如何与其和谐共处、通力合作。

团队（或班组）成员姓名	性格特点	你要向他学习的地方	你认为的与其合作的要点

注：如需要，可另附页。

（4）你认为你在团队协作方面还存在哪些问题，并提出你认为合理的解决方案：

___

3. 阅读下面的材料，完成相应的练习。

一日，某工地上，桩机操作工张某将一台借来的电焊机的单项电源线错误地接在了三相电源上，将电焊机保护接零（PE）线错误地接在了三相电源的一条火线上，使电焊机的外壳带电。张某接好线后就让罗某合上电源开关，随后李某从该电焊机旁边经过时脚踩到与电焊机连接的钢丝绳上，尖叫一声。张某回头看到李某赤脚裸臂躺在电焊机旁边，因触电致死。

（1）请分析该材料中张某、罗某、李某的做法对吗？为什么？是什么原因导致李某触电而亡？（不少于100字）

___

（2）列出你所在岗位的典型工作任务及其工作流程和工作要求，完成下表。（后续工作中请严格对照各项工作任务的工作流程和工作要求开展工作）

序号	典型工作任务	工作流程和工作要求
1		
2		
3		
4		
5		
6		

注：如需要，可另附页。

第4章

职业理想

 ## 4.1 完善自我

4.1.1 自我认知

（1）自我认知的含义

自我认知是指员工个人对自己的了解和认识，包括认识自己的优点和缺点，意识并调整自己的情绪、意向、动机、个性和欲望，并对自己的行为进行反省等。清楚的自我认知能够使员工了解自己的职业价值观、兴趣、爱好、能力、特长、人格特征以及弱点和不足。工作过程中，个人通过对自己的总结、盘点，找到成功和失败的原因，从中汲取经验和教训，可以助力自己的职业生涯逐步走向成功。

（2）自我认知的作用

充分认识自己，能够帮助员工最大限度地发挥个人潜能。很多初入职场的员工往往容易高估自己的能力，盲目规划自己的职业生涯，使自己失去了许多机会。个人的职业生涯规划应该建立在对自己客观评价和认识的基础之上，并为自己制定贴合实际的发展目标和职业设想，在职业活动中不断发挥自己的潜能，逐步提升自己的职业成就感。

（3）自我认知的方法

自我认知是一个长期的、需要持续改进的过程，需要将心理测量、自我反省、自我总结等简便易行的方法结合起来使用。

1）职业价值观法。即明确自己最想要从工作中得到什么。职业价值观可以反映出个人对报酬、奖励、晋升或职业中其他方面的不同偏好。

2）职业兴趣法。即明确自己最喜欢干什么。兴趣是价值观的反映，必须与具体的任务或活动联系起来。员工从事的职业活动与兴趣相关度越高,其对工作的满意度就越高。

3)性格倾向法。即明确自己适合干什么。员工可以借助一定的性格测试工具来分析判断自己适合做什么样的工作。

4)才能潜质法。即明确自己能干什么。个人才能是职业生涯管理中的一个重要因素,它反映了一个人能够做什么或接受适当的培训后能够做什么。

综上所述,价值观、兴趣、性格和才能对一个人的职业生涯发展都会有影响,这些因素在某些方面是相互联系的,兴趣源于价值观,它与才能也是密切相关的,人们喜欢从事自己擅长的工作,通过实践,人们往往可以在自己喜欢的工作中操作得更加熟练。员工进行自我认知,应将价值观、兴趣、人格和才能视为一个整体进行分析。

4.1.2 职业规划

(1)职业规划的含义

职业规划是个人对自己一生职业发展道路的设想和规划,主要包括选择什么样的职业,在什么地区和什么单位从事这种职业,以及在这个职业队伍中担任什么职务等内容。

(2)职业规划的原则

1)实事求是。职业规划要建立在真实、准确的自我认识和评价基础上,一般可以从以下四个方面对自己进行全方位的认识和评价,具体内容如下图所示。

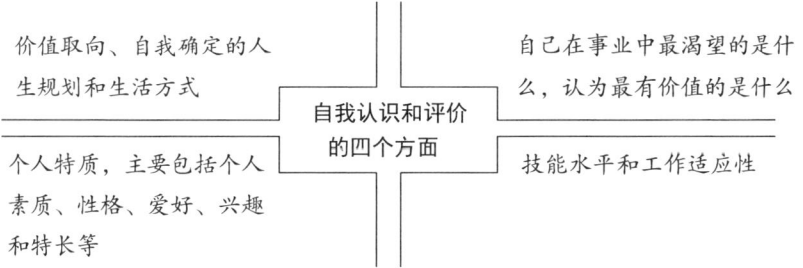

2)切实可行。一方面,个人的职业规划一定要同个人能力、个人

特质相符合,这样的职业规划才有可能实现;另一方面,要充分考虑周围的客观环境和条件是否允许。

(3)职业规划的目标

职业规划的目标可分为职业长期目标和职业短期目标两种。前者通常是员工在10年内计划实现的职业发展目标,而后者则是员工1~3年内的职业发展目标,后者是前者的具体化。职业长期目标与职业短期目标构成了一个金字塔式的目标体系,塔尖是职业长期目标,底部是无数个职业短期目标。

(4)职业规划的实施

1)选择职业规划路线。员工在确定职业规划目标后,应确定实现这一目标的职业规划路线,也就是沿着哪一条路线发展,是走行政管理路线、专业技术路线,还是走经营路线,抑或是先走技术路线,再转向管理……

不同的职业规划路线对员工各方面条件的要求也会不同。因为,即使同一职业也有不同的岗位,有的人适合做行政,可以在管理方面大显身手,成为一名卓越的管理人才;有的人适合搞研究,可以在某一领域有所突破,成为一名专家;有的人适合搞经营,可以在商海中建立功勋,成为一名经营人才;有的人动手能力强、技能突出,可以在技能岗位上创造佳绩,成为一名优秀的技能人才。如果一个人不具有管理才能,却选择了行政管理路线,那么,这个人会很难成就事业。

职业规划路线的选择实际上是一个多阶段、动态的整体决策过程。员工要根据职业规划目标定位,结合目前所处的位置和状态,首先倒推出自己大致的职业规划路线,包括大概分哪几个阶段、每个阶段大致的目标等,然后进行正推,即从现在到未来,这几个阶段性目标实现的可能性,并不断修正倒推出的职业规划路线。

2)制订行动计划。即根据职业规划目标和所选择的职业规划路线制订行动计划。

目标应由长期向短期分解。而与目标相对应的行动计划的制订则是先制订近期计划,然后由近及远,逐步推进。越近期的目标,相对应的行动计划应该制订得越详细;而对于长期的目标,其对应的行动计划则可以制订得适当粗略一些。

3)实施行动计划。一旦开始行动,就要坚持到底,只要目标没有改变,行动就不能停滞。否则,短期目标没有完成,后续的目标就得改变。这样一来,就会引起一连串的连锁反应,最初制定的阶段性目标甚至职业规划目标都会变成虚设和幻想,所谓的职业规划就成了"纸上谈兵"。

"不积跬步,无以至千里;不积小流,无以成江海。"不要小看一点点的改变,每天改变一点点,才会一步步向理想靠近。

(5)职业规划的调整

俗话说"计划赶不上变化",影响职业规划的因素很多,有些因素的变化是可以预测的,有些因素的变化是难以预测的。要使职业规划行之有效,就必须不断地对职业规划进行评估、修正和调整。调整职业规划并不意味着轻易放弃自己的追求,而是让自己的规划更适应社会、更适合自己。

职业规划调整的方法主要有以下四种。

1)目标度量法。职业规划目标是职业规划的核心,它对于职业规划的成功具有直接的帮助。规划目标中的短期、中期和长期目标一旦确定,就形成了非常具有操作性的度量标准。在现实目标和规划目标之间纠偏的动态过程,也就是职业规划调整的过程。

2)局部调整法。实施职业规划的每一个环节都可能影响职业规划的实施效果:设定的目标不适合自己,长期目标和短期目标相脱节,目标缺乏弹性,目标太容易或太难;确立的志向和自我评估有偏差;职业规划路线的选择有问题;制订的行动计划可操作性较差,等

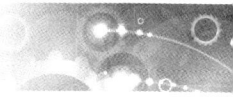

第4章 职业理想

等。因此，实施职业规划的每一步都需要根据不同的情况进行局部调整。

3）重新规划法。有时员工因对职业规划的基本概念掌握不充分，具体的职业规划步骤和方法应用不熟练，而导致所制订的职业规划完全脱离自身实际，这时就需要彻底调整，也就是重新规划。这种方法不建议多次使用，以避免"常立志而不立长志"。

4）过程评估法。科学地制订职业规划固然重要，然而从人生发展的角度来看，理想在现实中不一定都能够得以实现。但这并不意味着职业规划的失败，员工应该关注职业规划实施过程中各环节的质量，不断调整，不断修正。比如对自我的全方位认知、对职业环境的深度探索、对决策方法与技巧的掌握、阶段性目标的制定等，其完成质量对目标的实现都有着重要影响，员工应对每个环节都进行评估。

4.2 服务社会

4.2.1 服务好企业

对员工来说，服务社会的第一步就是服务好企业，它包括处理好与上级、下级、同事之间的各种关系，使团队成员之间关系和谐、工作任务能够顺利完成、各种信息可以顺畅地上通下达等。

在工作实践中，员工可以从以下两个角度来开展工作。

（1）站在部门的角度思考问题

作为基层员工，所在部门是第一个需要汇报工作的地方，服务好企业实际上就是从这里开始的。员工要站在部门的角度观察日常工作中遇到的问题，及时向部门领导反映各种情况，同时提出自己的看法与建议，久而久之，就会逐渐成长为部门的骨干。

（2）多学多看，每天多干一点点

要想服务好企业，除了站在部门的角度思考问题外，还要注意与部门同事之间建立团结、和谐的关系，在工作当中多学多看，每天多干一点点，不断积累自己的工作经验，提升自己的工作技能，并在力所能及的范围内进行各种创新。

4.2.2 服务好客户

服务，简单说就是为别人提供方便，服务好客户就是为客户提供方便，为此，员工需掌握以下内容。

（1）服务好客户的原则

服务好客户总的原则就是用心、真诚、履行承诺。具体见下图。

培养良好的服务态度
- 热情、周到、细心地为客户着想
- 留心观察、热情服务
- 培养正确的服务意识
- 依客户性格、年龄、职业、受教育程度和消费习惯等的不同，提供其期望的服务

树立正确的服务观念
- 以客户需求为中心展开服务
- 不单纯追求经济效益
- 提供长久、守信的服务

尊重每一位客户
- 不以貌取人
- 不差别对待

符合客户的需求
- 用客户希望的方式提供服务
- 从客户需求出发
- 用特色的方式提供特色的服务内容

在激烈的市场竞争中，企业之间的竞争在很大程度上是服务的竞争。要想在竞争中脱颖而出，企业的服务就要独具匠心，拥有自己的特色和个性，以满足客户多方面的需求。

员工在服务客户的过程中要把握好客户的特点和需求，因人而异，为客户提供满意的服务。

（2）服务客户的具体内容

要想服务好客户，首先要了解服务的类别和具体内容，见下表。

服务的类别和具体内容

分类标准	类别	内容
服务时间	售前服务	◎市场调查与预测，生产或经营能够满足客户需求的产品 ◎通过广告媒体向客户说明产品的特点、性能、用途等 ◎提供样品和说明书，使客户了解产品的先进性及使用方法 ◎开设技术培训班，帮助客户掌握有关技术和方法
	售中服务	◎创设优美、舒适的购物环境，提供良好的服务 ◎为客户介绍产品的性能、特点、用途、使用与保养方法 ◎耐心解答客户疑问，为客户现场操作、示范等 ◎充当客户参谋 ◎包装产品和收款付货等活动
	售后服务	◎为客户提供技术指导、咨询服务，解决技术难题 ◎为客户提供零配件和备用件 ◎搞好安装、调试和大型产品的运输 ◎建立维修网络和巡回检修服务 ◎实行产品的"三包"制，即包退、包换、包修
服务性质	技术性服务	◎提供与产品技术和效用有关的服务，如安装、维修、调试、技术咨询、技术培训等
	非技术性服务	◎提供与产品效用无直接关系的服务活动，如广告宣传、送货上门、分期付款等
服务地点	定点服务	◎在固定地点建立或委托其他部门设立服务点
	流动服务	◎没有固定的服务点，不定期向客户提供上门访问维修、巡回检修、流动货车服务等
是否收费	免费服务	◎不收取费用的服务，上面提及的服务一般都是免费的
	收费服务	◎大宗服务项目，如设备安装、修理等，可以视情况收取费用

服务活动贯穿于工作的始终，虽然有些服务内容是企业行为，但作为企业员工也必须了解，以便能够及时向客户传达。

（3）灵活应对客户的各种状况

1）应对客户抱怨

①分析客户抱怨的原因，选择正确的应对办法。具体见下表。

客户抱怨的类型及其应对办法

客户抱怨的类型	应对办法
厂家的服务不能满足客户需求，送货不及时、货物短缺或产品质量等问题引起客户不满	◎首先虚心接受，并将信息反馈给公司，通过改进产品和完善服务制度等提高服务质量，给客户一个满意交代
有的客户生意上遇到困难或碰到不顺心的事时就会抱怨一番，这种没有明确动机的习惯性抱怨只是一种发泄	◎不需要做过多解释，只需要做一个倾听者。因为客户的目的就是发泄情绪，发泄完就什么问题都没有了
有的客户喜欢总结各个厂家产品的优、劣势，拿其他厂家的优势来对比某厂家的劣势，把每个厂家都说得一无是处。这种客户抱怨的目的就是给厂家人员造成心理压力，增加谈判筹码，以便从厂家获取更多的优惠	◎大声对客户说"不"。部分员工对客户尤其是大客户的无理要求或指责只会点头称是，从不提出反驳意见，其结果便是在谈判中节节退让，损害公司的形象和利益

②处理客户抱怨的七个步骤。遇到客户抱怨时，应端正态度，正确对待客户的抱怨，可参照下表所列的七个步骤进行处理。具体见下表。

处理客户抱怨的七个步骤

步骤	内容
1.仔细聆听抱怨内容	◎用关怀的眼神看着客户，专心聆听，并认真整理对方的谈话内容，确认客户抱怨的真正原因，可以这样说："您的意思是因为……而觉得不满意，是吗？"

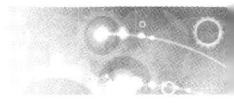

第4章 职业理想

续表

步骤	内容
2. 表示感谢,并解释为何感激客户的抱怨	◎有时可以从客户的抱怨中了解客户的真实想法或意图,还可能使自己获得进步。客户愿意花时间、精力来抱怨,应对其表示感谢,更重要的是,先说声"谢谢"会使对方的敌意骤降。你可以这样说:"谢谢您花费宝贵的时间来告诉我们这个问题,让我们能有改进(补救)的机会"
3. 诚心诚意道歉	◎如果在客户抱怨的事情中,错确实在己方,应立即向对方道歉。可以这样说:"很抱歉,我(们)做错了……"即使错不在己,仍应为客户的心情损失致歉。可以这样说:"很抱歉让您这么不高兴,真是对不起……"
4. 承诺立即处理,积极弥补	◎先表达积极处理的诚意,可以说"我很乐意尽快帮您处理这个问题……"如需要询问细节及其他相关信息,别忘了先说"为了能尽快为您服务,要向您请教一些数据……"切不可咄咄逼人,直接问"你跟谁说的""哪一天说的""你确定他是这么回答的"等,这种问法会让客户误认为你在推卸责任,很可能会惹怒客户
5. 提出解决办法及时间表	◎稳定了客户的情绪后,要根据公司的规定迅速制订解决方案,但此时不要自作主张,而要将决定权交给客户,让客户去选择自己满意的方案。可以这样说:"您是否同意我们这样处理……"这样一来,决定权在客户那里,他会因感觉受到尊重而怒气不再。接下来就得快速处理问题,尽可能弥补客户的损失
6. 处理后确认满意度	◎处理完客户的抱怨后,应再次与客户联系,确认对方是否满意此次服务,这样做既能了解自己的补救措施是否有效,又能加深客户受尊重的感觉
7. 自我检讨,避免重蹈覆辙	◎每一次客户抱怨的发生都会有其原因,但是不论错误在谁,都应该自我检讨,寻找自己和公司制度的不当之处,然后进行改进,防患于未然

2)应对客户投诉

①正确对待客户投诉。客户投诉并不可怕,员工应把客户投诉看成是好机会,只要能够及时、正确处理,说不定因祸得福,使客户更加信任和依赖企业。另外,要加强与客户的联系,倾听他们的需求和

不满，并及时反馈到公司，不断纠正企业在客户服务过程中出现的失误和错误，进而减少甚至避免客户投诉。

②了解客户投诉的内容。客户投诉的内容涉及面很广，归纳起来主要表现在下图所示的四个方面。

产品质量投诉	主要包括产品质量缺陷、产品出现故障、产品规格不符、产品技术规格超出允许的误差等
货物运输投诉	主要指货物在运输途中发生损坏、丢失和变质，或因包装及装卸不当造成损失而引起客户不满，客户提出更换或索赔要求
购销合同投诉	产品的数量、规格、等级、交货时间、交货地点、付款方式、交易条件等与原购销合同规定不符时，可能会产生购销合同投诉
服务投诉	主要指客户对企业员工的服务质量、服务态度、服务方式、服务技巧等不满并提出批评

③处理客户投诉的四个原则。具体见下表。

处理客户投诉的原则

原则	内容
责任到人，有章可循	◎制定专门的服务制度，安排专人负责处理客户投诉，同时做好各种防范措施，防患于未然
及时处理，使客户满意	◎对于客户的投诉，各相关部门通力合作，迅速做出反应，力争在最短的时间内全面解决问题，给客户一个圆满的答复，让客户满意。如果拖延或者推卸责任，会进一步激怒投诉者，使事情进一步恶化或复杂化
分清责任，规范管理	◎发生客户投诉时，员工应分清引起客户投诉的责任部门和责任人，还要明确处理投诉的各部门、各岗位人员的具体职责与权限。如果客户投诉未能得到及时、圆满的解决，就要弄清得不到及时、圆满解决的责任在谁，并向相关部门反映情况
存档分析，及时改进	◎详细记录每一起客户投诉的内容、处理过程、处理结果、客户满意程度等，以便吸取教训，总结经验，为以后更好地服务客户、生产客户需求的产品和完善各方面的制度提供有力依据

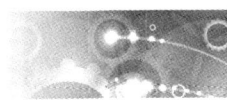

④处理客户投诉的八个步骤。具体见下表。

处理客户投诉的步骤

处理投诉步骤	实施要点
1.认真倾听客户投诉,记录投诉内容	◎态度冷静,不争论 ◎认真倾听,记录要点 ◎抓住投诉重点,明晰客户要求 ◎向客户表示歉意,平息客户怨气
2.确定责任部门	◎自己能解决的要及时处理,超过自己权限范围的要移交给相关部门 ◎负起责任,跟踪处理过程,直到问题得到合理解决
3.售后服务部门分析投诉原因	◎仔细调查原因,不可想当然下断言或反驳客户,也不可拖延时间,使问题复杂化 ◎原因主要有销售人员说明不够、没有履行合同、客户本身的疏忽和误解、产品本身确实存在缺点等
4.提出处理方案	◎针对投诉内容及客户要求提出处理方案,最好有2~3种方案供客户选择
5.提交主管领导批示	◎将解决方案提交给上级领导审批
6.把解决方案传达给客户,化解不满	◎将解决方案在第一时间告诉客户并与客户协商,了解客户的底线要求
7.实施处理方案,解决投诉	◎提出几种解决方案供客户选择 ◎客户同意后立即实施,切忌拖延
8.检讨、总结、评价	◎为避免再次发生类似投诉,应将投诉记录存档,检讨结果,吸取教训,以便改进工作

3)应对客户索赔。客户投诉问题严重时会提出索赔,这种情况比较麻烦,如果处理不好会严重影响企业形象。

①处理客户索赔的原则。总的原则是:快速解决,避免客户对本企业印象恶化;摆正态度,以亲和的态度应对。

②处理客户索赔流程。具体见下图。

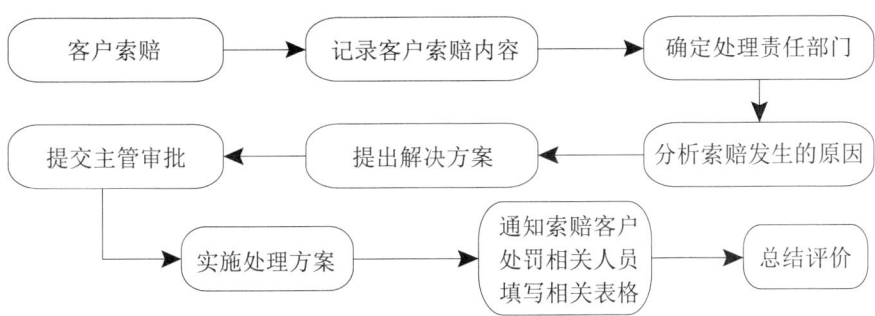

③处理客户索赔的注意事项。

1	在追查原因阶段，应对自己的产品有信心，不可在调查阶段轻易向客户妥协。如果调查需要耗费较长时间，应向客户详细说明，取得谅解
2	如查出问题原因在己方，企业相关部门应向客户书面道歉，并以完好的产品予以调换。如没有同样的产品，应给予相应的金钱补偿。同时说明出现问题的原因，以免客户产生误解，导致坏印象根深蒂固
3	如果查出问题原因不在己方，应由承办人员召集各相关方，包括客户及各加工厂共同开会以查明责任所在，并确定应否赔偿以及赔偿额度、各方应承担的份额等
4	当赔偿事件发生时，应速将有关情报与相关部门联络，并以最快的速度加以处理，以防同类事件再次发生

第 4 章 职业理想

即学即用

1. 结合自己入职以来的所见、所学、所思、所想,给未来的自己写一封信,描述自己的职业规划。(不少于300字)

未来的我:

2. 拟订自己作为学徒向导师学习期间的学习计划。（尽可能细化，以便于实施）

时间	学习目标	学习内容

注：如需要，可另附页。学徒期结束后也可参照该表格为自己拟订各阶段的中短期职业规划。

3. 完成下面的"服务意识测试",选择最符合你自己情况的答案。

题目	选项
1. 我个人的工作技巧比客人满意更重要	A. 完全符合 B. 基本符合 C. 不确定 D. 不太符合 E. 完全不符合
2. 大家都认为我脾气很好	A. 完全符合 B. 基本符合 C. 不确定 D. 不太符合 E. 完全不符合
3. 有些客户很刁蛮,非常讨厌	A. 完全符合 B. 基本符合 C. 不确定 D. 不太符合 E. 完全不符合
4. 很多时候,我必须让别人知道我是对的	A. 完全符合 B. 基本符合 C. 不确定 D. 不太符合 E. 完全不符合
5. 办事就应该按部就班	A. 完全符合 B. 基本符合 C. 不确定 D. 不太符合 E. 完全不符合
6. 客户是"舞台的中心人物"	A. 完全符合 B. 基本符合 C. 不确定 D. 不太符合 E. 完全不符合
7. 在公司里,老是有人让我生气	A. 完全符合 B. 基本符合 C. 不确定 D. 不太符合 E. 完全不符合
8. 心情好时,我的态度也会很好	A. 完全符合 B. 基本符合 C. 不确定 D. 不太符合 E. 完全不符合
9. 如果受到无理指责,我的态度无法好起来	A. 完全符合 B. 基本符合 C. 不确定 D. 不太符合 E. 完全不符合
10. 让那些刁蛮的客户哑口无言是一件快乐的事情	A. 完全符合 B. 基本符合 C. 不确定 D. 不太符合 E. 完全不符合
11. 我的工作应该引人注目	A. 完全符合 B. 基本符合 C. 不确定 D. 不太符合 E. 完全不符合
12. 客户都认为我是一个乐于帮助别人的人	A. 完全符合 B. 基本符合 C. 不确定 D. 不太符合 E. 完全不符合

续表

题目	选项
13. 我喜欢工作中的新变化	A. 完全符合　B. 基本符合　C. 不确定　D. 不太符合　E. 完全不符合
14. 见到每一个人时，我都会面带微笑	A. 完全符合　B. 基本符合　C. 不确定　D. 不太符合　E. 完全不符合
15. 客户不可能永远是对的	A. 完全符合　B. 基本符合　C. 不确定　D. 不太符合　E. 完全不符合
16. 我没办法强迫自己去讨好别人	A. 完全符合　B. 基本符合　C. 不确定　D. 不太符合　E. 完全不符合

说明：该问卷满分为80分，各题目选项从完全符合到完全不符合，分值依次是5分、4分、3分、2分、1分。如果你的分值在50分以上，恭喜你，你已经具备良好的服务意识和服务技巧。如果你的分值为30~49分，说明你的服务意识和服务技巧还有部分欠缺，你应该及时地弥补，否则将影响你的职业形象；如果你的分值在30分以下，说明你的服务意识和服务技巧十分欠缺，你必须认真地弥补，否则将影响你的职业发展。

第 5 章

职业形象

 5.1 个人形象

5.1.1 仪容

仪容是指一个人的外貌。虽然我们无法选择长相,但是我们可以努力让自己变得有魅力,让别人感觉舒服。

人们都不喜欢与邋遢的人交往。在工作中,注重自身的仪容非常重要,如果不修边幅、蓬头垢面,就会给领导、同事、客户留下不良印象。因此,注重自身的仪容非常重要。

(1)发式

发式最基本的要求是头发整洁、发型大方。干净、清爽、卫生、整齐的发式能给人留下生机勃勃、神清气爽的良好印象。发式应与个人身份、工作性质、工作场合相适应,具体要求见下图。

女士发式	发式的要求	男士发式
1.最好剪短发,头发长度不宜超过肩部 2.如果是长发,可将其挽束起来,不适合随意披散		1.前部头发不要遮住自己的眉毛,侧部头发不要盖住自己的耳朵 2.不要留过厚或者过长的鬓角,后部的头发应不长过衬衫领子的上部

(2)面容

面容是仪容之首,也是最动人之处。男士应养成每天修面剃须的良好习惯;女士应注意面部清洁和美化面容,如需要可适当化妆。面容修饰要求详见下表。

修饰面容的要求

序号	面容部位	要求
1	面部	◎要时刻保持面部干净、清爽，无汗渍和油污等不洁之物 ◎清洁是修饰面部最基本的要求，勤洗脸是清洁面部最简单的方式 ◎女性员工可根据时间、场合、地点的不同来选择适当化妆，切不可浓妆艳抹
2	鼻腔	◎随时保持鼻腔干净，平时要注意经常修剪鼻毛
3	胡须	◎在正式场合，如果没有特殊的职业需要、宗教信仰或民族习惯，男士留胡须一般会被认为是很失礼的表现 ◎男士应该把每天刮胡须作为自己的一个生活习惯。个别女士因内分泌失调而长出类似胡须的汗毛，应及时清除并予以治疗
4	口腔	◎应注意口腔卫生，坚持每天早、中、晚刷三次牙，饭后漱口，保持牙齿洁白、口腔无异味 ◎在重要应酬之前，要忌食会使口腔发出刺鼻气味的食物

（3）手部

手是肢体中使用最多、动作最多的部位。手、手指和指甲的美与人体其他部位的美一起，组成了人的整体风采。

员工要勤剪指甲，保持整齐，指甲缝中不能留污垢。

5.1.2 仪表

仪表主要指服饰打扮，包括衣服、帽子、鞋袜以及男士的领带、女士的首饰等。

（1）**男性仪表要求**

1）着装最重要的不是价格和品牌，而是包括面料、裁剪、加工工艺等在内的许多细节。

2）在着装的款式上，样式应简洁，注重服装的面料、剪裁和加工工艺。

3）在着装的色彩选择上，应以单色为宜，深蓝色可给人以高雅、

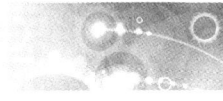

理性、稳重之感；灰色比较中庸、平和，显得庄重、得体而气度不凡；咖啡色是一种自然而朴素的色彩，显得亲切而别具一格；藏青色比较大方、稳重，也是较为常见的一种着装色调。

4）若需佩戴领带，除了颜色须与自己的西装和衬衫协调之外，还要求干净、平整、不起皱。领带长度要合适，打好的领带尖应恰好触及皮带扣，领带的宽度应该与西装翻领的宽度和谐。

5）穿西装时，内穿的衬衫在领型、质地、款式等方面都要与外套和领带协调，纯白色和天蓝色的衬衫较易搭配。注意衬衫领口和袖口要干净。

6）袜子宁长勿短，以坐下后不露出小腿为宜。袜子颜色要和西装颜色协调，选择深色袜子比较稳妥。浅色袜子只能配浅色西装，不宜配深色西装。

7）鞋的款式和质地的好坏直接影响男士的整体形象。在颜色方面，建议男性选择黑色或深棕色。浅色皮鞋只可配浅色西装，如果配深色西装会给人以头重脚轻的感觉。休闲风格的皮鞋最好配单件休闲西装。无论穿什么鞋，都要注意保持鞋子的光亮及干净，光洁的鞋子会给人以专业、整齐之感。

（2）女性仪表要求

1）服装要保持平整。平整的服装会让人显得精神焕发。另外，尽量购买质地好些的服装，但切忌过于华丽。

2）袜子颜色要协调。袜子以近似肤色或与服装搭配得当为好。夏季可以选择浅色或近似肤色的袜子。冬季服装颜色偏深，袜子的颜色也可适当加深。切勿穿着勾丝的丝袜。

3）饰品要适量。巧妙佩戴饰品能够起到画龙点睛的作用。但是，佩戴的饰品不宜过多，否则会分散对方的注意力。佩戴饰品时，应尽量选择同一色系，同时注意与整体服饰协调搭配。

4）素色为宜。服装的整体搭配要协调统一，颜色以素色为宜，不要太鲜艳，也不可太花哨，那样会给人以轻浮之感。

5）忌穿得紧身、暴露。在正式场合，如果穿着过露、过紧、过短或过透，如穿短裤、背心、超短裙、紧身裤等，容易分散对方的注意力，同时也会显得你不够专业。

6）切勿将内衣、衬裙、袜口等露在外衣外面。

5.1.3 仪态

仪态是对人举止行为的统称，是人内在气质的外在表现，基本的举止仪态包括坐姿、站姿、走姿等。

（1）坐姿要求

坐姿文雅端庄可以传递给对方自信、友好、热情的信息，同时也显示出高雅庄重的良好风范。

1）正确的坐姿。常用的坐姿有五种，见下表。

常用的五种坐姿

序号	坐姿	具体做法
1	标准式坐姿	◎两腿并拢，上身挺直坐正，小腿与地面垂直，两脚保持小丁字步，两手放在双膝上
2	侧点式坐姿	◎两小腿向左斜出，两膝并拢，右脚跟靠拢左脚内侧，右脚掌着地，左脚尖着地，头和身躯向左斜。注意大腿、小腿之间要成90度，小腿要充分伸直，尽量显示小腿长度
3	屈直式坐姿	◎坐正，女士双膝并紧，两小腿前后分开，两脚前后在一条线上。男士既可两小腿前后分开，也可左右分开，两膝并紧，双手交叉于双膝上
4	重叠式坐姿	◎在标准式坐姿的基础上，两腿向前，一腿提起，腿窝落在另一腿的膝关节上。要注意上边的腿向里收，贴住另一腿，脚尖向下。重叠式还有正身、侧身之分，手部也可交叉、托肋、扶把手等多种变化
5	交叉式坐姿	◎两腿前伸，一脚置于另一脚上，在踝关节处交叉成前交叉坐式，也可小腿后屈，前脚掌着地，在踝关节处交叉或采用一脚挂于另一脚踝关节处成后交叉式坐姿

无论采用哪种坐姿，都不要弯腰驼背，女士坐下时不要叉开双腿，起立时可一只脚向后收半步，然后站起。

2）应避免的坐姿。坐立时要避免出现下图所示的情况。

1. 双手置于膝上或椅腿上
2. 把脚藏在座椅下，或伸得很远
3. 勾住椅腿或双腿分开
4. "4"字形叠腿并用双手扣腿，晃脚尖
5. 猛坐猛起，弄得座椅乱响，或坐立时上体不直，左右晃动

（2）站姿要求

良好的站姿能衬托出美好的气质和风度，具体要求见下表。

良好站姿的具体要求

序号	要求	具体做法
1	头正	◎两眼平视前方，嘴微闭，收颌梗颈，精神饱满，面带微笑
2	肩平	◎两肩平正，微微放松，稍向后下沉
3	臂垂	◎两臂自然下垂，手指自然弯曲 ◎两手可在体前交叉，一般右手放在左手上，肘部应略向外张 ◎男性在必要时可单手或双手背于背后，也可两肩平整，两臂自然下垂，中指对准裤缝
4	直立	◎挺胸，抬头，收腹，略收臀
5	躯挺	◎胸部挺起，腹部往里收，腰部正直，臀部向内向上收紧
6	腿并	◎两腿要直，膝盖放松，大腿稍收紧上提，身体重心落于前脚掌，两脚夹角成60度 ◎男子站立时，双脚可微微张开，但不能超过肩宽 ◎女子站立时，双脚应成"V"形，膝和脚后跟应靠紧，身体重心应尽量提高

(3) 走姿要求

优雅、稳健、敏捷的走姿可以给对方以美的感受,产生感染力,反映出积极向上的精神状态,具体要求如下。

1)目光平视,挺胸收腹,表情自然平和,精神饱满,面带微笑。

2)两肩平稳,防止上下前后摇摆。双臂前后自然摆动,前后摆幅为 30~40 度,两手自然弯曲,在摆动中离开双腿不超过一拳的距离。

3)步伐稳健,步履自然,要有节奏感。

4)两臂自然下垂,前后自然协调摆动,前摆稍向里折,手臂与身体的夹角一般成 10~15 度。

5)步幅适当,两脚之间相距约一只脚到一只半脚。

6)步速平稳。行进的速度应当保持均匀、平稳,自然舒缓,显得成熟、自信。

7)迈步时,脚尖可微微分开,但脚尖、脚跟应与前进方向近乎一条直线,避免"外八字"或"内八字"迈步。

8)上下楼梯时,上体要直,脚步要轻,要平稳,一般情况下不要手扶栏杆。若遇尊者,应主动将栏杆一边让给尊者。

9)遇尊者时,应主动礼让,站立一旁,以手示意请其先走。

5.2　商务形象

5.2.1　称呼礼仪

称呼是指人们在交往过程中彼此之间使用的称谓语。正确地称呼他人,能使交往对象感到被承认、尊重和信任。得体、恰当的称呼不仅反映自身的文化素质和对交往对象的尊重程度,甚至还影响双方关系的发展程度。

朋友或熟人间的称呼,既要亲切友好,又要不失敬意,一般可通称为"你"或"您",或视年龄大小在姓氏前加"老"或"小"相称,如"老王"或"小李"。

对有身份者或长者,可用"先生"相称,也可在"先生"前冠以姓氏。对德高望重的长者,可在其姓氏后加"老"或"公",如"张老"或"范公",以示尊敬。

在工作岗位上,为了表示庄重、尊敬,可按职业相称,如"老师""师傅"等;也可按职务、职称、学位相称,如"周处长""赵主任""宋博士"等。

在社交场合称呼陌生人时,男子不论婚否,可统称为"先生";女子则需根据婚姻状况而定,对已婚的女子称"夫人""太太"或"女士"等,对未婚的女子称"小姐"等,如不明其婚姻状况,以称"小姐"或"女士"为宜。对教育界和文艺界新相识的人都可敬称"老师"。

5.2.2　会面礼仪

(1) 点头礼

与交往不深的相识者碰面,或在同一场合碰上已多次见面者,或遇到多人而又无法一一问候时,点头致意即可。

(2) 举手礼

举手礼适用于向距离较远的熟人打招呼。

具体做法:右臂向前方伸直,右手掌心向着对方,拇指与其他四指叉开,其他四指并齐,轻轻向左右摆动。

行举手礼时应注意:手不要上下摆动,也不要在手部摆动时用手背朝向对方。

(3) 拱手礼

拱手礼主要用于过年时企业举行团拜活动、向长辈祝寿、向对方表示祝贺、向亲朋好友表示无比感谢等场合。

具体做法：起身站立，上身挺直，两臂前伸，双手在胸前高举抱拳，自上而下或自内而外、有节奏地晃动。

（4）鞠躬礼

鞠躬礼意思是弯腰行礼，是表示对他人敬重的一种郑重礼节。这种礼节一般用于下级向上级或同级之间、学生向老师、晚辈向长辈、服务人员向宾客表达由衷的敬意。

社交场合的鞠躬一般为一鞠躬，具体做法：面向受礼者，距离为两三步远，立正站好，保持身体端正，以腰部为轴，整个肩部向前倾15度以上（一般是60度，具体视行礼者对受礼者的尊敬程度而定，弯曲角度越大，礼节越重）。

（5）握手礼

握手是目前最为常用的一种见面礼。无论双方是第一次见面，还是已经熟识，一个得体的握手，致意、祝贺、慰问、鼓励、感谢等尽在不言中。握手的原则是"尊者为先"，由尊贵一方先伸手。握手顺序见下图。

握手持续时间以2~4秒为宜，太长会让人觉得不舒服，太短则显得没有诚意。但熟人在一起或满含感激之情时，握手时间可以长一点，也可以双手相握，用左手盖在对方右手上，以示亲切。

握手时眼睛要注视对方，不能东张西望，还要微笑致意，握手力度要适中。

握手时可上下抖动，不可左右摆动。

（6）拥抱礼

拥抱礼是西方国家通用的一种礼节，特别是在欧美国家，拥抱礼

是十分常见的见面礼和道别礼。

具体做法：双方面对站立，各自双臂张开，表示要行拥抱礼，接着右臂抬高，左臂稍低，两人靠近，上体接触后，双方用右臂拥住对方的左肩背部，左手稍微抱持对方的腰部，有时手可以轻轻地拍一拍对方的背部，头部向左，口称"欢迎""您好"等，然后二人交换姿势，再向对方右侧行拥抱礼。

5.2.3 介绍礼仪

（1）自我介绍

在自我介绍时，应注意运用以下技巧。

1）选择好自我介绍的时机。

2）首先镇定而充满自信，清晰地报出自己的姓名，并恰当使用体态语言表达自己的友善、关怀、诚意和愿望。

3）根据不同的交往目的，注意介绍内容的繁简，具体内容见下表。

自我介绍的内容要求

序号	内容	介绍要求
1	姓名	◎自我介绍时，应当一口报出，不可有姓无名或有名无姓
2	单位	◎有时可以暂不报出具体工作部门
3	职务	◎有职务的最好报出职务；职务较低或无职务的，则可不报

4）介绍的内容要真实。

5）控制好自我介绍的时间，有意识地抓住重点，言简意赅。

6）就形式而论，自我介绍时可以采用下图所示的两种形式。

- 应酬型：这种方式通常用于面对泛泛之交、不愿深交者，可以仅介绍本人姓名这一项内容
- 公务型：这种方式适用于正式的因公交往的场合，通常要介绍本人的单位、部门、职务、姓名等内容

7）自我评价时，要掌握分寸，不宜用表示极端赞颂的词，如"很""第一"等，但也不必有意贬低自己。

（2）介绍他人

在介绍他人时，应注意运用以下技巧。

1）首先要了解双方是否有结识的愿望，如有意可适时介绍。

2）遵守介绍的顺序，具体顺序见下图。

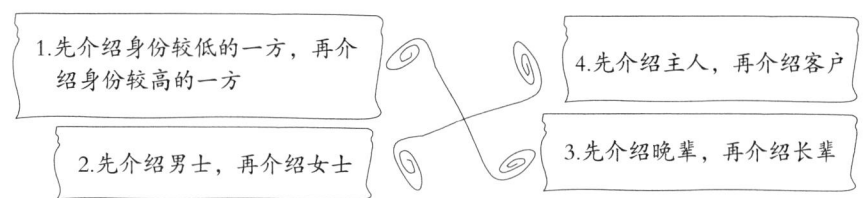

3）介绍的内容通常包括双方的姓名、工作单位，双方的共同爱好、共同经历或其他方面的相似之处。

（3）介绍集体

介绍集体时要遵循"先卑后尊"的规则。介绍集体可分为下表所示的两种方式。

介绍集体的两种方式

序号	介绍方式	说明
1	单向式	◎当被介绍的双方中一方为一个人，另一方为由多个人组成的集体时，往往可以只把个人介绍给集体，而不必再向个人介绍集体
2	双向式	被介绍的双方皆为由多个人组成的集体时，双方的全体人员均应被正式介绍 ◎由主方负责人首先出面，依照主方在场者规定的顺序，依次介绍主方全体人员 ◎由客方负责人出面，依照客方在场者规定的顺序，依次介绍客方全体人员

5.2.4　问候礼仪

问候，也称问好、打招呼。一般而言，问候是人们与他人相见时以语言向对方致意的一种方式。问候时，应注意问候的顺序、问候的态度和问候的形式等。

（1）问候的顺序

问候他人时，应遵循下表所示的顺序。

问候他人应遵循的顺序

序号	问候对象	问候顺序
1	问候一人	◎应遵循"位低者先行"的问候顺序
2	问候多人	◎问候多人时，既可以笼统地加以问候，也可以逐个加以问候。当逐一问候多人时，既可以由"尊"而"卑"、由长而幼地依次进行，也可以由近而远地依次进行
3	问候客户	◎在与客户见面时，应先主动地问候客户

（2）问候的态度

问候他人时，在具体态度上应做到下图所示的四点。

（3）问候的形式

1）直接式问候。直接式问候就是直截了当地以问好作为问候的主要内容。这种方式适用于正式的人际交往，尤其是宾主双方初次相见。

2）间接式问候。间接式问候就是以某些约定俗成的问候语，或者在当时条件下可以引起的话题，如"忙什么呢""您去哪里"，来替代直接式问候。这种方式主要适用于非正式交往，尤其是经常见面的熟人之间。

（4）问候语五忌

问候语五忌即忌问收入、忌问职业、忌问健康（有病没病）、忌问婚姻、忌问职业及学历。

5.2.5 名片礼仪

（1）使用名片的场合

1）初次见面时应主动出示名片，表明与对方继续保持联络或业务往来的意向。

2）本人不能亲自前往时，可以送上名片来代表自己。

3）在宾客较多的场合，接受名片有助于了解来客的身份。

4）在私人宴会上，不宜散发名片。

（2）携带名片

名片是一个人身份的象征。在参加礼仪活动之前，应随身携带自己的名片，以备交往时使用。携带名片的注意事项见下表。

携带名片的注意事项

序号	注意事项	说明
1	名片要足量适用	◎携带的名片一定要数量充足，确保够用。有的员工，因工作需要，需对不同的交往对象使用不同的名片，所以要对所带名片进行分类整理
2	名片要完好无损	◎名片代表了一个人的身份，要保持名片干净整洁，切忌出现折皱、破烂、肮脏、污损、涂改等情况

（3）交换名片

递交和接受名片时的注意事项见下表。

递交和接受名片的注意事项

	递交名片		接受名片
选择时机	◎宜选择初识之际或分别之时	态度谦和	◎接受名片时，要暂停一切事情，站立并面带微笑，目视对方，用双手或右手捧接
讲究顺序	◎双方交换名片应遵循"客先主后""身份低者先，身份高者后"的顺序 ◎当与多人交换名片时，应依照职位高低或由近及远的顺序依次进行	认真阅读	◎接过名片后，应先向对方致谢并从头至尾把名片认真默读一遍 ◎若对名片上的内容有所不明，可当场请教对方
谦逊有礼	◎递交名片时，应郑重其事地站立，面带微笑，走上前上体前倾15度，用双手或右手将名片正面朝上递给对方 ◎递交名片时应大方地说："这是我的名片，请多多关照"	及时回应	◎接受名片后，应即刻回给对方一张自己的名片 ◎没有名片或忘带名片时，应向对方做出合理解释并致以歉意，切莫毫无反应

（4）索要名片

若想主动结识对方或因其他原因有必要索要对方名片时，可以采用下图所示的两种方法。

互换法：即以名片换名片。在主动递上自己的名片后，对方按常理会回给自己一张他的名片。如果担心对方不回送，可在递上名片时明言此意："能否有幸与您交换一下名片"

暗示法：即用含蓄的语言暗示对方。例如，向尊者索要名片时可说"请问今后如何向您请教"等

5.2.6 拜访礼仪

良好的拜访礼仪能够为企业树立良好形象，实现拜访目的。

（1）选择合适的拜访时间

最好把拜访时间选在工作时间内，尽量避免占用对方休息、休假的时间；如果没有急事，应避免清晨或夜间拜访。拜访之前，最好以电话或通信方式与对方联系，尽可能事先告知，约定一个时间，以免扑空或打乱对方的日程安排，且要向对方讲明此次拜访需占用多长时间，以方便对方安排其他事情。

（2）拜访要准时

要严格遵守约定的时间，提前 5 分钟或准时到达，如果因特殊情况或有紧急事情不能前往或推迟时间，一定要设法提前通知对方并表示歉意。如果对方迟到，应耐心等待，也可以充分利用等待的时间做准备工作。

（3）在拜访中要充分尊重对方

1）当到达拜访地点后，如果与接待者是第一次见面，应主动递上名片或做自我介绍；如果接待者是熟人，应互相问候并握手。

2）如果接待者因故不能马上接待，应安静地等候。等待时要安静，不要通过谈话来消磨时间，这样会打扰别人工作。如果等待时间过久，可向有关人员说明并另定时间，不要显现出不耐烦。

3）当对方献茶时应起身或欠身说"谢谢"，并双手接过。在谈话过程中，要注意自己的坐姿、谈话的语气和用词等，要避免给人一种傲慢无礼、对谈话内容反应消极的印象。

4）在拜访过程中，要留心对方的态度以及环境的变化，随机应变。遇到不愉快的事要尽力克制自己，温文尔雅的拜访礼仪会有助于实现拜访的目的。

5）一般而言，拜访时间宜短不宜长，所以要尽可能快地将谈话引入正题，而不要闲扯其他内容。

（4）在友好的气氛中告辞

1）在拜访目的基本实现或到预约的时间时，应先说一段有告别意

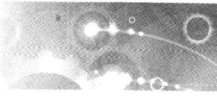

义的话再起身告辞，切忌在对方说完一段话后立即起身告辞，这容易使人产生误解，也不要在另一位客户刚到时就告辞。

2）一旦说出告辞，就要立即起身并婉言谢绝对方相送，但也不要过分客套，与对方你来我往地互推互让；切忌一边走，一边仍在喋喋不休地说，使对方无法回身。

3）告辞时要同对方和其他客户一一告别，对方相送时，应说"请回""留步"等。

即学即用

1. 结合你所在的行业和企业，谈谈你对职业形象重要性的认识。

_____
_____
_____
_____
_____
_____
_____

2. 请列出你所在企业对员工在个人形象方面的要求。

_____
_____
_____
_____
_____
_____
_____
_____
_____
_____
_____

3. 仔细观察导师或其他同事的日常礼仪，了解你所在企业的礼仪文化，对照改进自己的职业形象。

场合或情境	企业内的日常礼仪（语言、举止等）
1. 称呼	
2. 会面	
3. 问候	
4. 拜访	

注：可根据企业实际情况填写其他场合或情境礼仪，如乘坐班车、接听电话、会议座次安排等。如需要，可另附页。

第6章

职业能力

 6.1 执行

6.1.1 有方法

在工作实践中，执行的方法主要有以下三种。

（1）目标分解——分解树法

分解树法是一种有效分解目标的方法。有效的目标是提高执行效能、获取执行结果的重要依据，因此，要想执行成功，首先要确立目标。但是，如果只确立目标而不懂得将目标进行分解，那么目标最终也只能是海市蜃楼般的存在。

目标分解就是将大目标分解成小目标，或将长远目标分解成短期目标，然后再分解成可以具体操作执行的目标的过程。

分解树法将目标按层级划分为大目标、小目标、可操作目标，并将其填入相应分支。利用分解树法将目标分解后，各层级目标之间的逻辑关系一目了然，见下图。

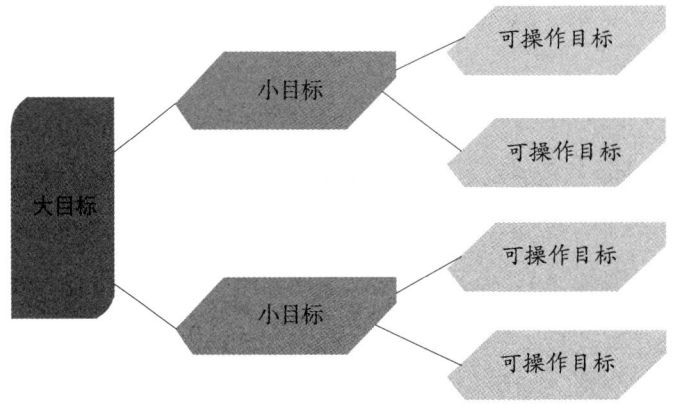

利用分解树法对目标进行分解时，可以采取下图所示的四个步骤。

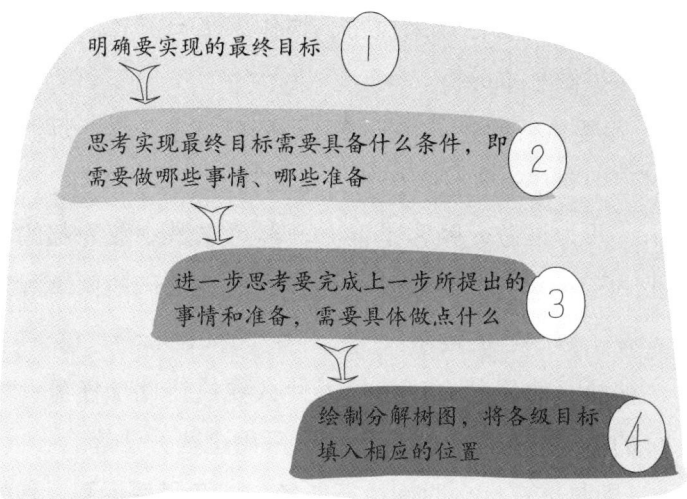

分解目标时应注意以下几点。

• 不可贪多：如果一次性或一段时间内分解的目标数量过多，执行人员可能会对这些目标难以完整、准确把握。这种情况会给执行人员带来巨大压力，不利于执行过程的顺利进行。

• 不要求快：每一个小目标的完成都需要一定的时间，不能一味追求速度，以免影响目标完成质量，正所谓欲速则不达。

• 不能中断：细分后的小目标之间是相互关联的，且每个小目标都是整体目标的构成要素，任何一个小目标中断，都会对全局造成影响，使整体目标难以实现。

• 适当奖励：当完成一个可操作目标或一个小目标时，可以适当奖励自己，以鼓励自己继续努力。

(2) 任务分析——7W1H法

任务分析是指在执行任务过程中，执行者使用一定的方法和手段对工作任务进行分析、分解，找出执行任务所需的各种条件和要素及其相互之间的关系。

7W1H法是一种较为有效的任务分析方法。

1) 7W1H法的内涵。

Who：即此项任务由谁来执行、协作人员有哪些。找出相关人员后，对相关人员做基本分析。

What：即要执行的任务和所要实现的目标是什么、评判标准是什么、执行过程中可能遇到什么困难、如何排除这些困难等。

Whom：即为谁做，顾客是谁。顾客可以是企业外部的客户，也可以是企业内部的客户，如上级、下级或其他部门的同事等。分析顾客的特征，并了解顾客的需求。

Why：即执行为了什么。包括为什么要执行此项任务、为什么需要这些人员的参与和配合，以及为什么采用这些方法等。

When：即具体在什么时间执行任务，以及最后期限。包括完成总体目标的时间、完成阶段性目标的时间等。

Where：即具体在什么地点执行任务。包括执行任务的物理环境和人文环境等。

What qualifications：即执行此项任务的人员应该具备哪些资质条件。如执行人员的专业技能、知识储备、经验、人际沟通能力、综合素质等。

How：即该如何执行任务。如工作的具体流程有哪些、采用哪些方法、执行的标准和规范是什么等。

2）7W1H 法分析的主要内容。

工作关系：即执行人员与其他相关人员之间的关系，如从属关系、协作关系等。

工作职责：即每名执行人员执行任务时的权限和责任。

资格条件：即执行人员具备的各种与执行任务相关的条件。

工作环境：即执行人员执行任务时的物理环境和人文环境等。物理环境包括工作地点的温度、噪声情况等；人文环境包括人际关系是否和谐、企业文化等。

评价标准：即用什么标准评判执行结果。

(3) 工作循环——PDCA 循环法

工作就是一个不断循环的过程,每一份工作从开始到结束都遵循着一定的规律。在实际工作过程中,员工应该找到这一规律,在不断的总结和再总结中完善每一项工作。

PDCA 循环法是一种按照特定顺序进行循环工作的方法,可以帮助员工很好地找到并利用这一规律。

PDCA 是四个英文首字母的缩写。

P(Plan):计划,包括目标的确定以及活动计划的制订。

D(Do):实施,即具体运作,实现计划中的内容。

C(Check):检查,检查执行的结果,明确效果,找出问题。

A(Action):标准化,对上一步检查的结果进行分析处理,对成功的经验加以标准化,对失败的教训加以总结。

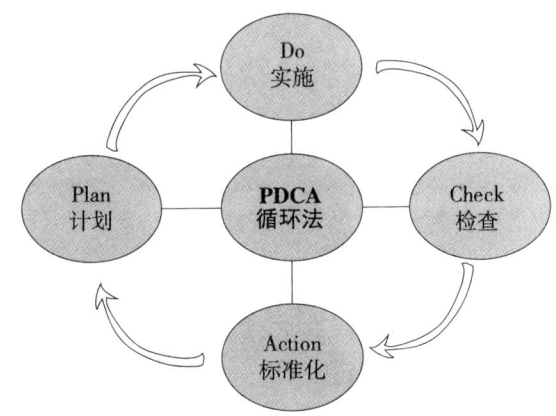

1)PDCA 循环法的特点。

① 四个阶段互相联系、前后相继,每一次循环不是停留在原有水平基础上,而是每循环一次,水平都有所提升,不断循环,不断提升

② 在循环往复的过程中,大循环套小循环,互相交织,共同提高

2）PDCA 循环法的实施步骤。

第 1 步：选择任务主题。主题是一项任务的切入点。在选择主题时要进行充分的调研，保证任务主题具有可行性。

第 2 步：设定执行目标。任务主题明确后，要设定一个具体的执行目标。设定目标要有充分的依据，而且目标要清楚、明确，可以被衡量。

第 3 步：确定最佳方案。提出各种可以实现目标的方案，然后进行验证，最终确定最佳的实施方案。

第 4 步：制定对策。将实施方案具体化，列出执行过程中需要完成的具体事项。

第 5 步：实施对策。将方案付诸行动，并对执行进程进行监控。

第 6 步：检查效果。执行活动结束后，对方案的有效性和目标完成的效果进行检查。

第 7 步：形成标准。对执行过程中被证明的有成效的措施进行标准化，制定成标准。

第 8 步：总结问题。对方案中效果不显著之处或执行过程中出现的问题进行总结。暂时无法解决的问题，可放到下一循环中解决。

6.1.2 有效率

在工作实践中，员工要想提升工作效率可以运用以下几种方法。

（1）思维导图法

思维导图法是一种十分简单但非常有效的方法。它运用图文并茂的技巧，开启人类大脑的无限潜能。

思维导图在创意的联想与收集、项目企划、问题解决与分析、会议管理、时间管理等方面均能产生令人惊喜的效果。

1）如何解读思维导图。

①解读中心主题。中心主题代表题目的意思，位于思维导图的中间，是思维导图中最明显、最大的图。

②解读主干。主干连接中心主题,并由中心主题往外做放射线状的延伸,代表内容的最大项或最大类。

③解读支干。支干连接在主干之后,用于补充说明主干的内容。

2)如何绘制思维导图。结合使用场合和需求,选择自己喜欢的思维导图的形式。

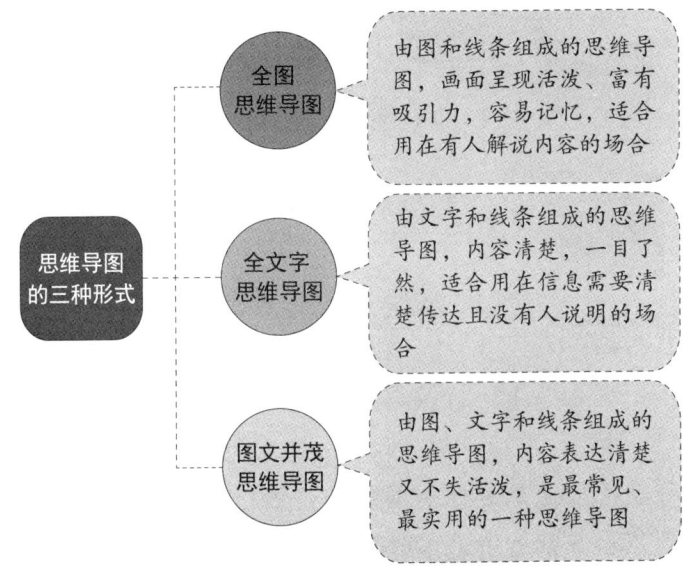

绘制思维导图可遵循以下步骤:

- 从一张白纸的中心开始画图,周围留出足够的空白。
- 在白纸的正中心写出或画出中心主题,即要实现的目标。
- 从中心开始向周围延伸,画出主干并标明关键字(或绘出图案)。
- 从主干延伸出分支线,标明关键字(或绘出图案)。
- 如要强调某一分支或关键字,可使用圈选、着色或加入符号、标记的方式。
- 检视整体架构,创造出丰富多变的特色。

(2)简化法

效能达人都是擅长简化工作的人。简化法是提高工作效率的有效方法之一,也是减轻工作负担的有效手段之一。

简化法是从"舍弃"开始的。人们总认为扔掉是一种浪费,殊不知,正是这种想法使得原本简单的事情变得越来越复杂。丢掉压在身上的包袱,简化任务清单,是实施简化法的第一步。

将所有任务都添加到任务清单中,这份清单就会变得越来越长,人们就不得不每天都疲倦地忙碌于各项任务的完成之中。但是,人们永远不可能完成所有任务,因为任务总在不断地增加。

将任务列表简化到最少,只剩下最重要的任务,这样就不需要那些复杂的计划体系了。更简单,则更具行动力,也更高效。

清除,再清除	花几分钟时间回顾你的任务清单,把那些不紧急的、不必要的、无聊的、重复的、浪费时间的任务删掉。
简化信息源	减少报刊、邮件等的订阅量,舍弃毫无价值的新闻,简化信息输入,从而简化输出。
减少承诺	人不可能完成所有的任务,面对他人的请求,要学会说不。坦诚告知有其他紧急任务要做。

每周回顾　每周花一点时间去回顾任务清单，清除那些不必要的任务，让工作变得高效。

让价值最大化　把精力放在完成那些重要任务上，它们能给你带来长时间的回报和长时间的幸福与满足。

找出最重要的三件事　把精力集中于一件事情或者两三件事情上，切记不要更多。写下一天中最重要的三件事，完成一件划掉一件。

集中处理小事　把需要处理的小事情写在一起，设定一个时间段，努力在这个时间段集中完成所有小事情。

然而，要提高工作效率，化繁为简固然有效，但一定要把握尺度，正如爱因斯坦所说"一切都要尽可能地简单，但不要太简单"。

6.1.3　有结果

"执行有结果"，对此，员工可以从以下几个角度进行理解。

（1）结果导向

结果是工作的第一要义。企业是用绩效和结果衡量个人价值的地方，员工要想获得更多的回报，就要为企业提供更多、更好的结果。

作为员工，你可能常常会听到领导说："不要给我讲那么多的理由，我只要结果！请告诉我结果。"一名缺乏"结果意识"、不懂得追求结果的员工，很难出色地完成领导布置的任务。

要追求结果，首先要了解结果的性质。工作中的结果有三种性质，即时限性、明确性和价值性。

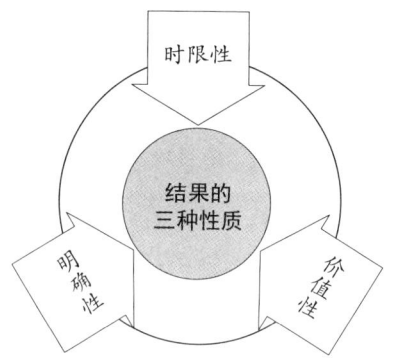

时限性是指工作要在一定的期限内完成。作为员工,你要清楚结果完成的最后期限,并在规定的时间内呈现结果。

明确性是指结果一定要清晰,可以让人看到。只有将结果呈现在领导、同事和客户眼前,他们才能知道你做了什么,才能对你进行考核和评价。

价值性是指结果一定是客户、领导或你自己想要的,是能够被人认可的。如果你呈现出来的结果缺少价值,那么无异于没有结果。

对结果负责,就是对工作负责。结果是员工绩效的根本所在。任何企业都非常看重员工的绩效,都会按照实际贡献的多少来评价一个员工。戴尔公司的核心经营原则就是靠业绩说话,它会对业绩优秀的员工进行重奖,而让那些没有业绩的员工走人。

(2)结果创造价值

员工杰出的业绩是由许多高效的结果汇聚而成的。在工作中,没有什么比结果更重要。企业只看绩效,领导只看结果。有价值的是工作的结果,而不是工作本身。没有结果的努力是无用功,没有结果的工作是毫无意义的浪费。

不同的员工做同样的工作会呈现不同的结果。工作的结果体现出员工的素质和能力,也体现出员工的价值。

一名在工作中没有做出结果的员工只可能有苦劳,而绝没有功劳。只有专注于结果,最终才能得到想要的结果。

【案例】

有一天,台湾作家刘墉和女儿一起浇花。女儿很快就浇完了,准备出去玩。刘墉叫住了她,说:"你看看爸爸浇的花和你浇的花有什么不一样?"

女儿看了看,觉得没有什么不一样。于是,刘墉将女儿浇的花和自己浇的花都连根拔起,女儿一看,脸就红了。原来爸爸浇的水能够浸透花根,而自己浇的水仅仅只够将表面的土淋湿。

刘墉语重心长地教育女儿,做事不能做表面功夫,一定要做彻底,做到"根"上。

工作同浇花一样,如果只是敷衍了事,不看结果,那么,做了跟没做一样。

面对一项工作,有的员工只是敷衍了事,有的员工却能够认真负责;有的员工只会呆板、机械地操作,有的员工却能创造性地发挥。他们之间的差距最终必然会体现在工作结果和工作价值上。

(3)从结果到认可

工作是一个实现结果的过程,按时上下班不是拿工资的理由,完成了工作并不意味着做出了结果,为企业提供结果才是获得报酬的根本。

员工进入企业,能够证明自己价值的就是结果。有的员工从来没有做出过结果,所以从来得不到领导的赏识。有些员工无论做什么工作都能实现完美的结果,所以很容易得到领导的认可和晋升的机会。

英特尔公司的价值观之一就是"以结果为导向"。他们的员工总是将结果放在第一位,总是在想怎样才能比别人做得更快、更好,这种价值观也使他们的工作得到了社会的普遍认可。

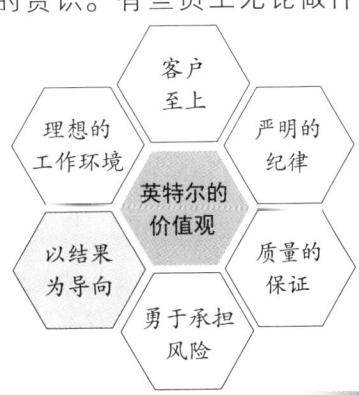

只有做出结果的员工才是好员工！只有做出完美结果的员工才是优秀员工！奔着结果去的员工会按照企业的工作标准来严格要求自己，并使得结果最大化，他们从来不会用"完成工作"来敷衍自己的工作。这样的员工往往能够在工作过程中得到更多的锻炼和提高。

6.2 沟通

6.2.1 会倾听

（1）抓住倾听的三个组成部分

倾听是沟通的开始。只有在倾听的过程中捕捉到关键信息、了解对方的兴趣和特点等，才能更好地表达自己的看法或主张。

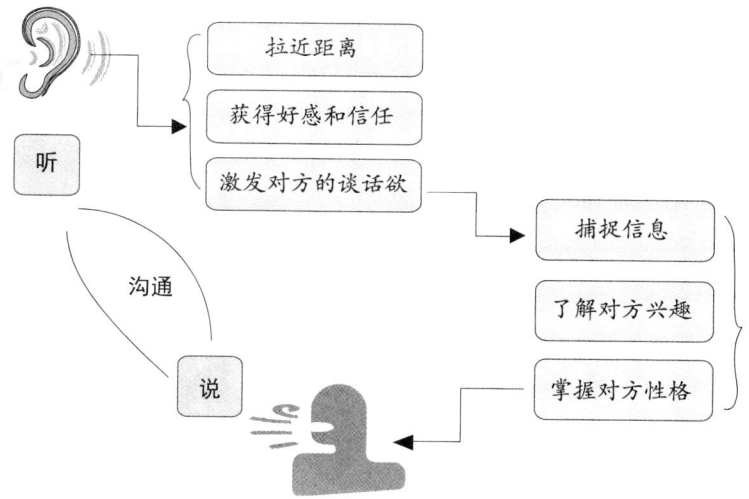

倾听并不等同于简单地"听"，它包括三个组成部分，即接收、筛选和解读。

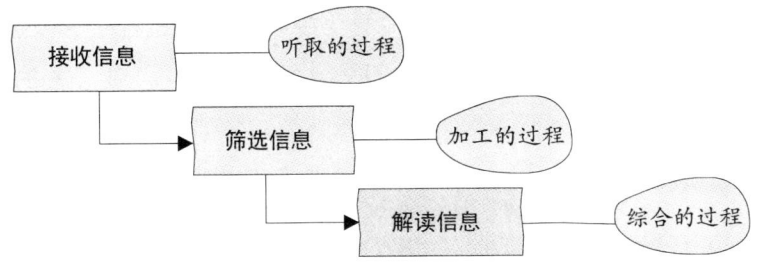

1）正确接收信息。

全面接收——全面接收信息，不能只听自己感兴趣的信息。

排除干扰——不受外界环境干扰，专心地听取信息。

"听""观"结合——不仅用耳朵听，还要用眼睛观察。

"耳""手"结合——好记性不如烂笔头，要及时把倾听到的重要信息记下来。

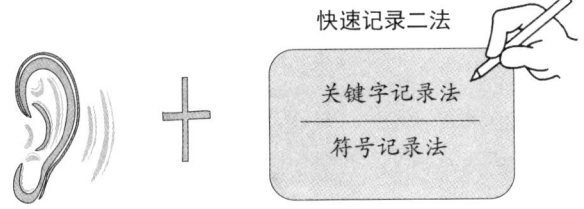

2）正确筛选信息。

抓取主旨法——抓住对方表达的主旨，就可以筛选出关键信息。

关键词提取法——重点提取能够表达主旨的关键语句和词汇。

过滤法——把一些无关紧要的、错误的、重复的、干扰的信息过滤出去。

3）正确解读信息。

领会深意——深入理解说话者的意图，听取弦外之音。

运用方法——运用多种分析工具来帮助自己理解，如分解树法、思维导图法等。

（2）找准影响倾听的十个因素

在职场沟通中，经常会出现表达信息和接收信息不对称的情况。

之所以会出现这种情况,是因为人们在接收信息的过程中会受到多种因素的影响。这些因素或单一,或联合,影响着人们对信息的接收、筛选和解读。

在实际沟通中,虽然人们不能完全避免这些因素的影响,但是却可以通过一些技巧将这些因素造成的负面效果降至最低。

1)正确应对环境因素。尽量选择较为安静的场合进行沟通。如果所处环境较为嘈杂,就应集中精神,注意倾听。

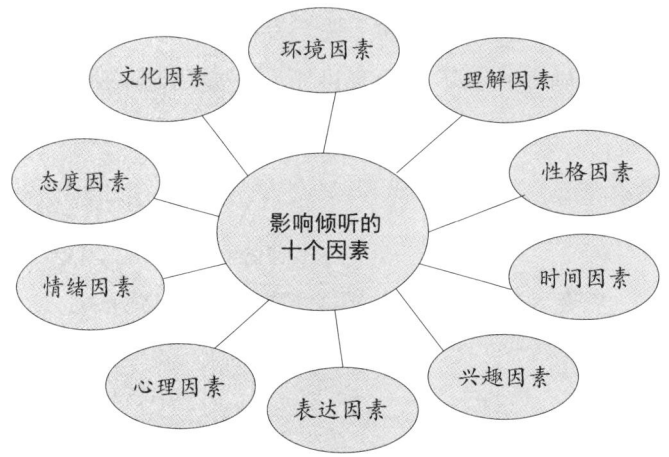

2)正确应对文化因素。理解双方之间的文化差异,不带有文化歧视。接收不同文化背景下的信息时,应求同存异。

3)正确应对态度因素。倾听时应保持积极、谦虚的态度,不要太过随意,更不能轻视对方。

4)正确应对情绪因素。不带着不良情绪倾听,这样会阻碍信息的接收和理解。如果不良情绪已经存在,要化消极情绪为积极情绪。

5)正确应对心理因素。倾听时,应摒弃抵触、厌恶、恐惧等不平和心理。

6)正确应对表达因素。当对方表达不清楚,如口吃、发音不标准时,应投入更多精力倾听。对方表达不清楚时,可通过提问、重复对方话语的方式进行信息确认。

7）正确应对兴趣因素。不能只听自己感兴趣的内容，不能只听感兴趣的人说话。

8）正确应对时间因素。长时间倾听容易出现疲乏，可适当转移注意力以缓解疲乏。当对方表达过多无用的信息耽误时间时，可适当引导对方谈及重点。

9）正确应对性格因素。理解并接受沟通双方之间的性格差异。如果自身性格急躁，就要注意培养倾听时的耐心。

10）正确应对理解因素。当出现疑惑时，及时提问。不懂就是不懂，不要装懂。

（3）排除倾听中的两大障碍源

倾听并不一定总能达到我们预期的结果。这是因为倾听过程中存在障碍。总的来说，倾听主要有两大障碍源，即环境障碍和倾听者障碍。

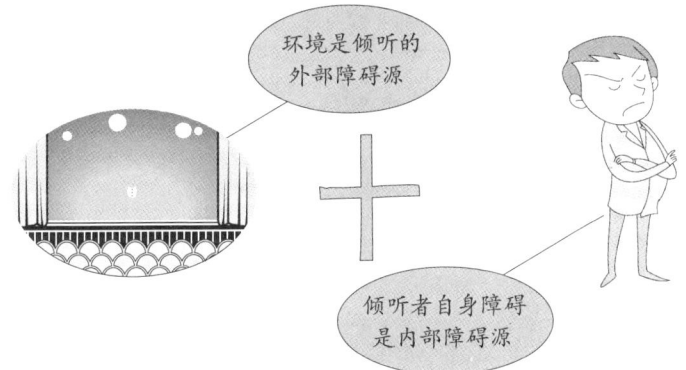

1）排除环境障碍。环境中的声音、气味、光线以及色彩、人群密集度等都会对人的听觉、视觉、嗅觉以及情绪等产生重要影响。

一般来说，环境对倾听的影响主要体现在场合和氛围两个方面。

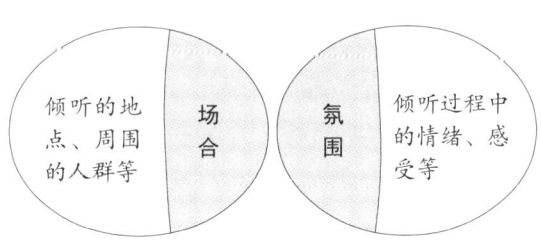

所以，沟通时应注意选择合适的场合，营造积极的氛围，尽可能排除倾听的环境障碍。尽量选择较为安静的场所，以积极热情的态度投入到沟通活动中，可以运用幽默的方式调动沟通现场的气氛。

2）排除倾听者障碍。倾听者障碍主要来自人们主观上的认知偏差和沟通态度，具体表现在以下五个方面。

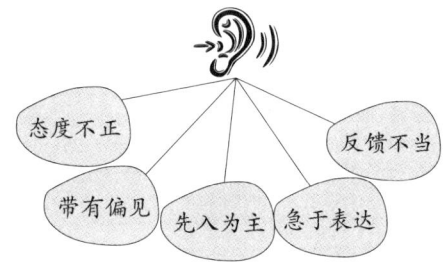

倾听者可以通过以下五种方法排除自身障碍。

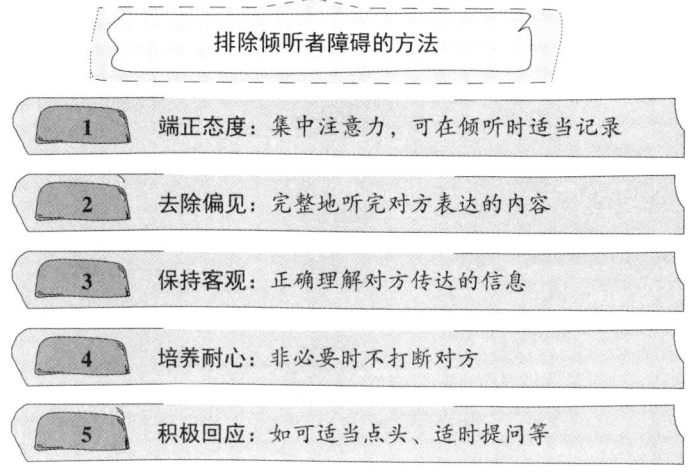

排除倾听者障碍的方法

1. 端正态度：集中注意力，可在倾听时适当记录
2. 去除偏见：完整地听完对方表达的内容
3. 保持客观：正确理解对方传达的信息
4. 培养耐心：非必要时不打断对方
5. 积极回应：如可适当点头、适时提问等

6.2.2 会表达

（1）理解表达能力的六个内涵

俗话说："一言之辩，重于九鼎之宝；三寸之舌，强于百万之师。"良好的表达能力是现代职场人的必备利器之一。

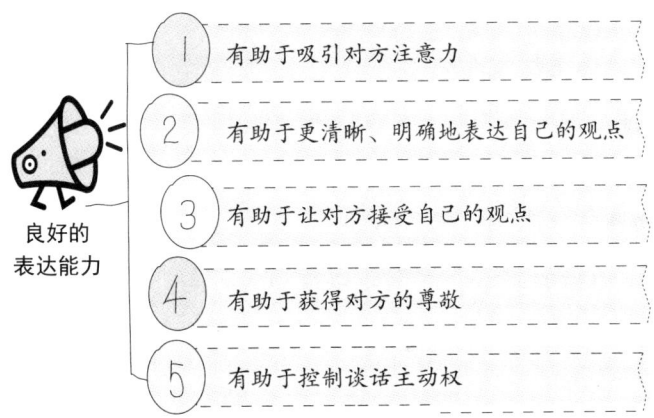

要想拥有良好的表达能力,首先要理解表达能力的内涵。作为表达和沟通的内在支撑,下图所示的六个内涵对沟通的方式和效果具有极大影响。

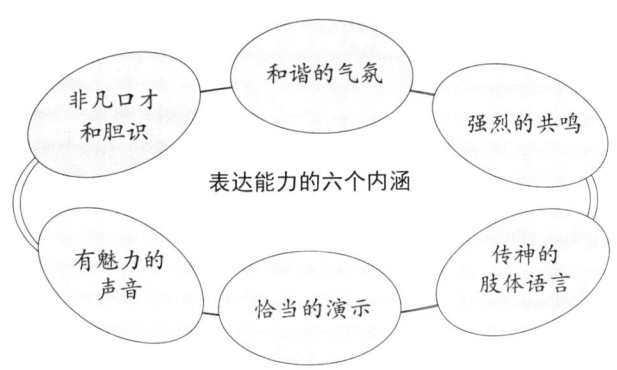

要提升表达能力,可以从以下六个内涵入手。

1)锻炼非凡的口才和胆识。有意识地训练自己谈话时的心理素质,勇于表达自己的观点和见解。

2)营造和谐的气氛。使用轻松、友好的开场白,在表达时充分考虑对方的接受程度。

3)引起强烈的共鸣。

一致法——积极寻求对方的认同,表示自己和对方站在同一立场。

换位法——站在对方的角度思考,以对方能够认同的表达方式

第6章 职业能力

谈话。

互动法——遵循双向的谈话模式，和对方充分互动。

4）展现有魅力的声音。控制音量，音量要适中。掌控节奏，声音要抑扬顿挫，不能从头到尾不变。把控音调，音调要不高不低。调整语速，语速要不快不慢、不急不缓。

5）辅以恰当的演示。演示要以目的为导向，不能胡乱演示。演示要以结果为导向，不能徒劳演示。

6）运用传神的肢体语言。

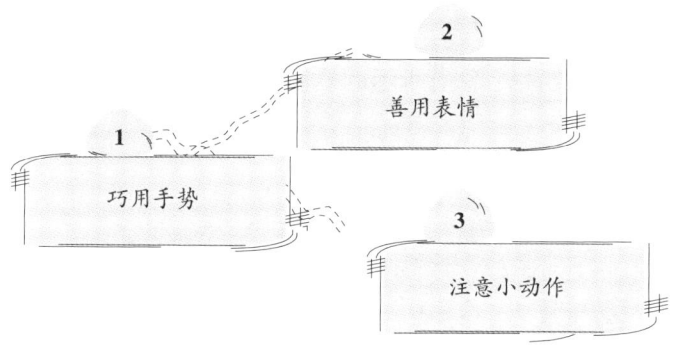

（2）抓住五个原则和六个要素

1）精确表达五原则。原则之于表达就如同罗盘之于航行，没有罗盘的航行会随波逐流，没有原则的表达就会失去方向。那么，要想措辞适当、表达精确，需要遵循哪些原则呢？

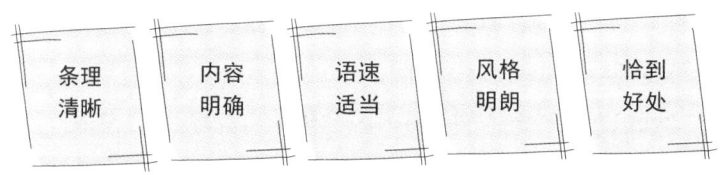

而要想更好地遵循上图所示的精确表达五原则，就需要从思维、内容、语速、风格和尺度五个层面入手。

你可以尝试用下图所示的五个技巧调整自己的表达。

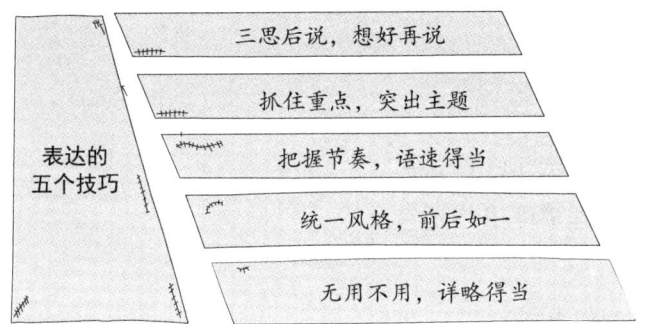

2）精确表达六要素。表达不仅要抓住五大原则，还要清楚六个要素。这些都是实现精确表达的重要条件。

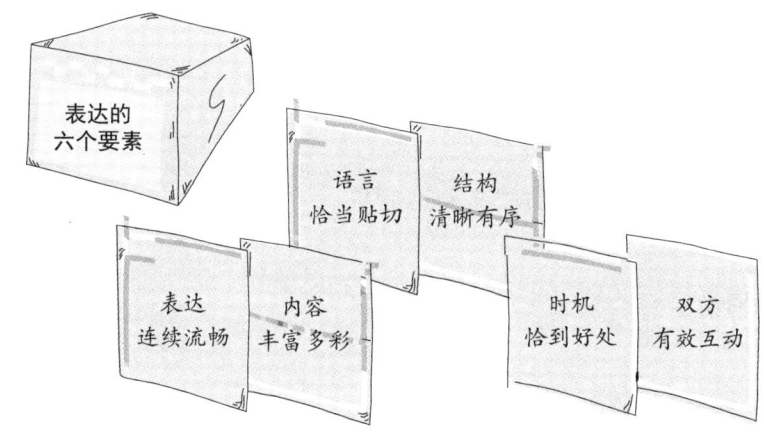

如何流畅表达

训练清晰的思维。
可事先演练。

如何丰富内容

可通过举例的方式充实内容。
可通过列数据的方式充实内容。

第6章 职业能力

如何修饰语言

可通过遣词造句修饰语言。

可通过合理搭配修饰语言。

如何明晰结构

可通过列提纲的方式明晰结构。

可通过提要点的方式明晰结构。

如何寻找时机

可通过控制时间的方式来创造时机。

如何增强互动

可通过提问的方式增强互动性。

可通过反馈的方式增强互动性。

（3）遵循"四要""四不要"标准

无规矩不成方圆，讲话亦是如此。要想精确表达，就要了解表达的标准。因为标准可以保证人们的表达方式和尺度运行在正确的轨道上。

概括来讲，表达应遵循"四要"和"四不要"标准。

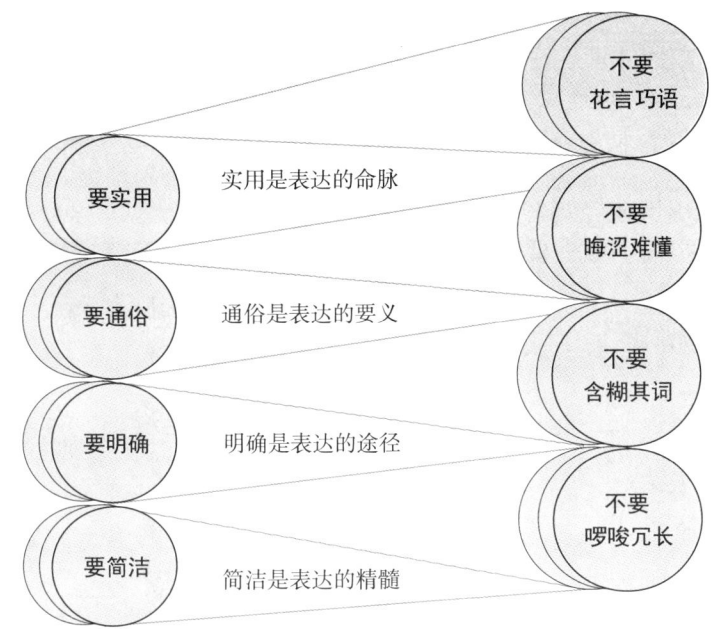

如何表达才能更实用

以目的为导向——表达时根据目的选用有效的语言，不能太过藻饰。

以主题为导向——要有明确的主题，表达时要有针对性地选择为主题服务的语言。

以结果为导向——表达时要以取得结果为导向，避免将过多心力放在华丽的辞藻上。

表达如何才能通俗

了解对象——要充分了解对象的特征，根据对象的语言习惯或者接受水平来选择所要表达的内容。

使用短句——句子过长，容易给对方造成理解上的困难。

不卖弄辞藻——不能为了卖弄辞藻，而刻意选用一些晦涩难懂的词句。

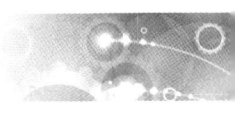

表达如何才能明确

不使用有歧义的语句——要避免使用具有歧义或者争议的语句。如果必须使用，应予以解释。

不要卖关子——要明确地表达自己的观点，不要让对方来猜。

表达如何才能简洁

抓住重点——要抓住表达主旨，可提取一些关键词，然后围绕关键词进行表达。

学会舍弃——与沟通主题无关的表达陈述应尽量舍弃，否则可能会使表达模糊重点，复杂冗繁。

学会删减——要学会用最简洁的语句表达最直接的主题。

不要重复——不要反复陈述已经表达过的意思。

6.2.3 会提问

（1）分清问的对象和场合

恰当的提问能够获得更多的信息，从而掌握沟通的主动权。但是提问不能随心所欲，必须考虑提问的对象和场合。对象因人而异，场合因事而异，这决定了人们提问方式与内容的差异性。

1）提问的对象。提问要因人而异。那么，这其中的"异"应该从哪些角度去辨别呢？

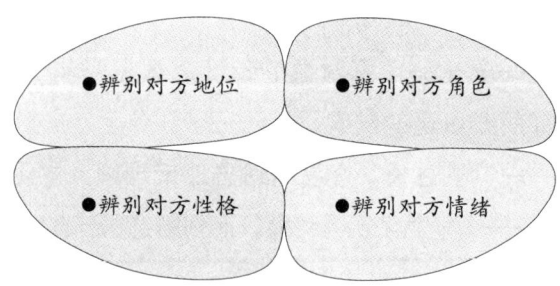

职场中人际关系错综复杂,但无外乎上级、下级、同事、客户这几种关系群体。当面对这些不同的沟通对象时,提问应注意哪些事项呢?

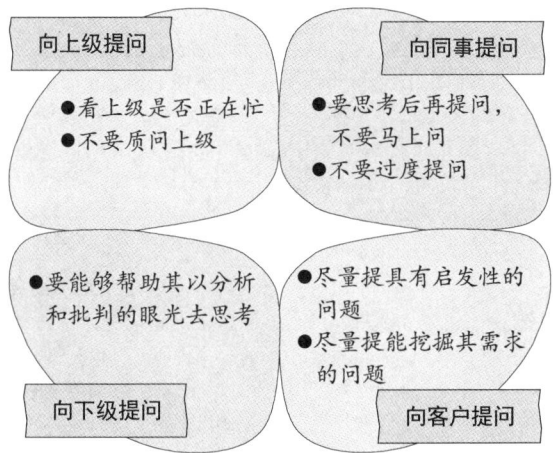

2)提问的场合。同样的提问在不同的场合往往会产生不同的效果,收获不同的答案。因此,若想得到期望中的精确答案,一定要注意提问的场合。

关注提问场合需要做到两点,即接受场合限制和寻找适当场合。

接受场合限制为"守",强调提问的适应性;寻找适当场合为"攻",强调提问的把控性。那么,如何才能"攻""守"兼备,实现适应性和把控性的统一呢?可参考下图所示的技巧。

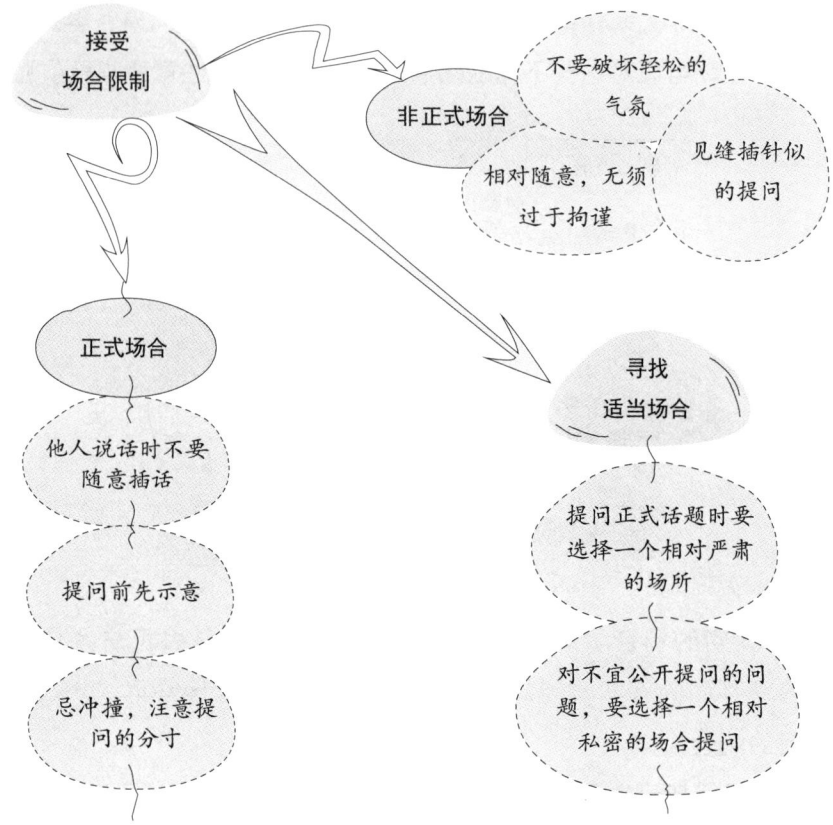

（2）选择恰当的问题类型

分清提问的对象和场合后，就需要选择与之相匹配的问题类型。按照提问的需求，大致可以将问题分为以下九种。

类型1：激发对方情感的问题。

适合于较为熟悉的沟通对象和更为私密的沟通场合。

提问的方向具有很强的针对性。

要注意循序渐进、积极引导，注意观察对方的情绪变化和心情波动。

类型2：造成对方压力的问题。

这种提问方式往往会带给人们一定的压迫感。通常在人们想要对方做出某项决定、选择或者接受某一观点时采用。

尽量做到语调柔和、措辞达意得体，以免给对方留下强加于人的印象。

类型 3：启发对方思维的问题。

思维是需要启发的，而一个恰当的提问往往可以启发人的思维。在提问过程中，可以采取以下四种方法设问，启发对方的思维。

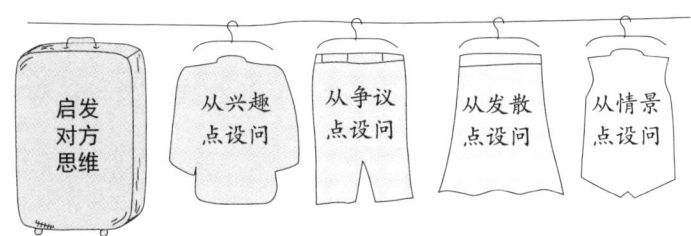

类型 4：引导谈话方向的问题。

引导谈话方向的提问可以帮助人们掌握沟通的主动权。

这类问题适合向下级或客户提问。

提问时要注意自然、合理地引导，刻意为之往往得不偿失。

类型 5：辨别问题实质的问题。

在事实模糊不清或自身不能确认问题实质时，需要选择这类问题来获得事情的真相。

提问时常用"为什么""为何""是不是这样"等词语。

类型 6：促进对方改进的问题。

这类提问的最终目的是化解问题、改进方法。

提问时要先提出改进建议或方法，再征询对方的意见，不要采取强压的态度。

类型 7：强化双方共识的问题。

即将沟通的结果单独进行提问，以便确认。

这类问题不宜过多，以免引起对方的反感和厌恶。

类型 8：确认对方需求的问题。

在不明确对方的需求时，要通过开放式提问获得并确认对方的需求。沟通一定要在了解双方需求的基础上进行，只有这样才可能达成共识。

类型9：表明自己立场的问题。

提问时不宜太过直接，以免使沟通陷入僵局。

可以采取反问的方式将自己的立场表述出来，再征求对方的意见，从而获得对方的肯定。

如何选择恰当的问题类型

沟通过程中，只有选对问题的类型，并在适当的时机提出，才能保证提问的效果和沟通的顺畅。

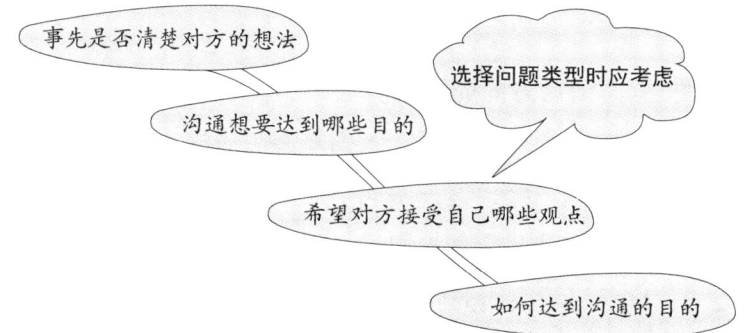

（3）遵循提问的十字箴言

要想成为沟通达人，就要深谙提问的技巧。提问的技巧可以通过训练获得，而十字箴言便是技巧训练的通关密语。

箴言1：知。

"知"即知晓。知彼知己，知因果知联系，知优势知弱势，知全局。遵循"知"便可以明明白白地提问。

- 从头到尾理一遍问题本身。
- 想清楚自己想要获得哪方面答案。
- 明确谁是直接关系人，从谁那里才能获得自己想要的答案。

箴言2：礼。

"礼"即礼仪。礼仪是微妙的东西，它既是人们交际所不可或缺的，又是不可过于计较的。以己之礼，待他之人。遵循"礼"便可以有理有度地提问。

- 提问要有礼貌，不能随便打断对方的话。
- 杜绝使用讽刺性、盘问式、审问式的方式发问。
- 向长者或上级提问时，要注意措辞，不能过于随便。

箴言3：德。

"德"即德行。谦虚大度，平等待人。遵循"德"便可以真诚提问。

- 提问要谦虚，不要过于表现自己，不要摆出一副高高在上的样子。
- 不要揪住对方的缺点或失误进行提问，要针对主题选择有帮助的内容进行提问。

箴言4：抓。

"抓"即抓取。抓准时机，审时度势。遵循"抓"便可以恰到好处地提问。

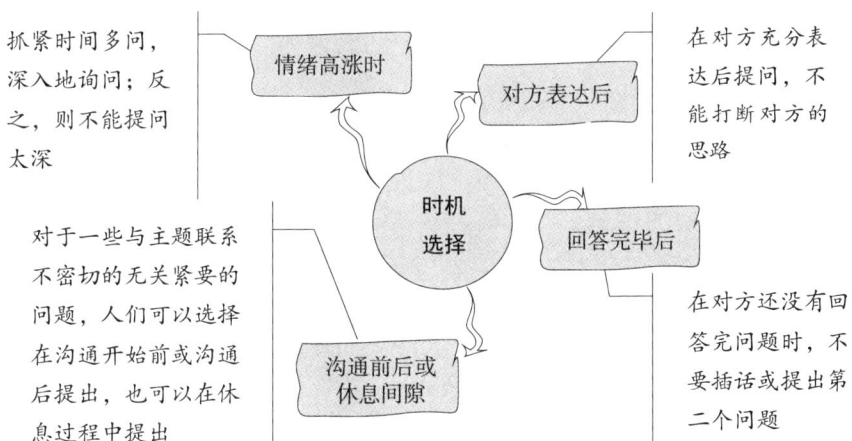

箴言5：移。

"移"即转移。善于转换、捕捉信息。遵循"移"便可以灵活变通地提问。

箴言 6：围。

"围"即围绕。围绕主题，进行设计。遵循"围"便可以"集中攻势"地提问。

箴言 7：跟。

"跟"即跟随。投其所好，事半功倍。遵循"围"便可以有的放矢地提问。

箴言 8：引。

"引"即吸引。引导对方，占据主动。遵循"引"便可以掌控全局地提问。

箴言 9：煽。

"煽"即煽动。争取同理心，获得答案。

- 提问时可将问题与对方联系起来，使其感同身受。
- 提问时可描述场景，使对方如同身临其境。
- 此技巧不要使用过多。

箴言 10：忍。

"忍"即理性。能忍则忍，切忌冲动。遵循"忍"便可以平和、客观地提问。

6.2.4 会说服

（1）取得对方的信任

信任是成功说服的基础。

要想取得对方的信任并不难，可以先通过认真倾听拉近彼此距离，再有针对性地迎合，以彻底"俘获人心"。

迎合对方可以让对方产生一种被尊重与被赞同感，是取得对方信任的一种有效方法。表现迎合的行为通常有以下三种。

1）"鹦鹉学舌"。倘若自己不擅长沟通，或者判断不出对方所言的真实意图，可以采取"鹦鹉学舌"的方式来回应并迎合对方。具体方法见下图。

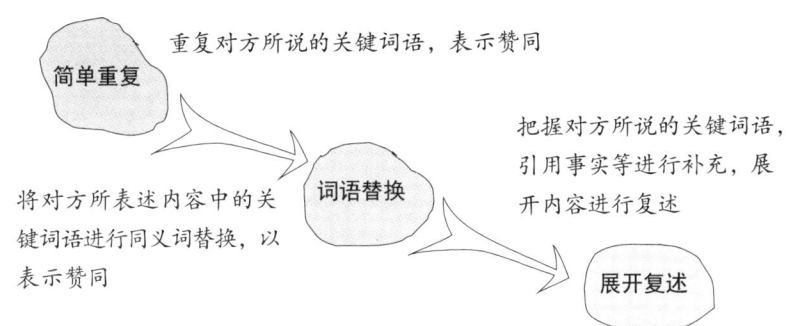

2）表示理解。见下图。

3）表示认同。对于无关紧要的问题，可以直接表示赞同。当确实不同意对方的观点时，要先保留意见，等待合适时机再发表见解。

（2）寻找最佳突破点

要成为一名说服者，就必须明确自己究竟要说服谁。

找准最佳突破口会使说服事半功倍。而说服的初衷和落脚点都离不开说服的对象，所以，要想寻找最佳突破点就需要体察说服对象的个性和特质。

1）掌握对方性格。说服别人的最终目的就是要让对方接受自己的观点。不同性格的人对于接受他人意见的敏感程度是不一样的，见下图。

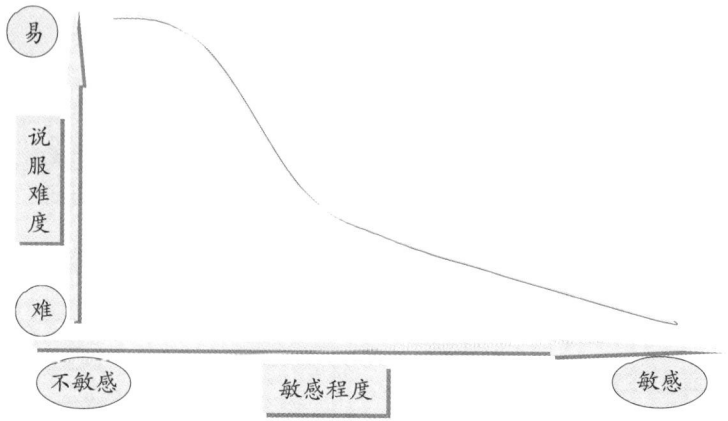

从上图可知，越容易被说服的人，其敏感程度越低；而越难被说服的人，其敏感程度越高。但无论对方是自负却没有真本事的人，还是有才华又虚心求教的人，是急躁的人，还是稳重踏实的人，只要掌握了其性格特点，有针对性地进行说服，就可能取得事半功倍的效果。

2）掌握对方长处。从对方的长处入手进行沟通，往往更能引起对方谈话的兴趣，对方的长处往往可以被转变为说服对方的强有力条件之一。例如，你可以从其擅长的领域入手，展开话题，也可以向对方请教其擅长的东西，拉近彼此距离。

3）了解对方兴趣。每个人都喜欢谈论自己比较感兴趣的话题或事物。在沟通过程中，一旦谈论对方感兴趣的内容，对方的敏感度与戒备心理就会随之降低，从而实现说服的目的。

4）把握对方想法。在沟通过程中，对方所坚持的个人想法往往是影响说服效果的关键所在。对此，你可以通过提问的方式引导出对方的真实想法。

把握对方的真实想法，从对方的角度出发进行说服，有利于提高说服的成功率。

5）关注对方情绪。在沟通过程中，要时刻关注对方的情绪变化。对方的情绪波动直接影响说服的效果。

在沟通过程中，对方的情绪主要受三方面因素影响。

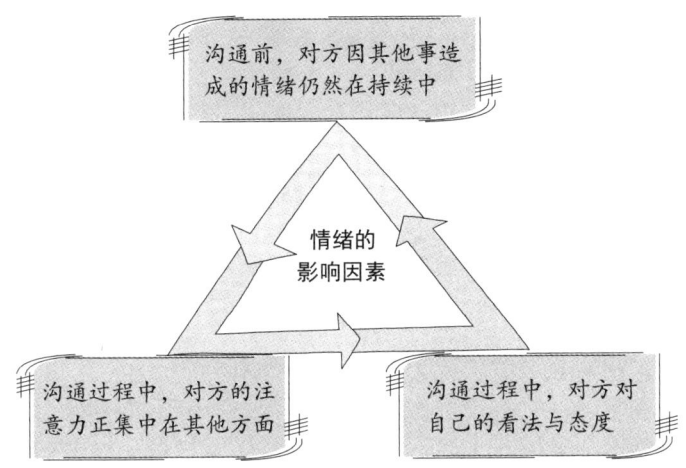

6.2.5 会反馈

（1）反馈之前先定位

反馈通常以一对一或者一对多的交流形式展开。作为互动交流的重要组成部分，反馈可以在很大程度上引导人们在特定情境中做出正确的行为，是增强自身影响力的有效途径，也是加深双方关系的纽带和桥梁。

从下图所示的反馈过程中可以看出，定位是展开反馈的第一步。

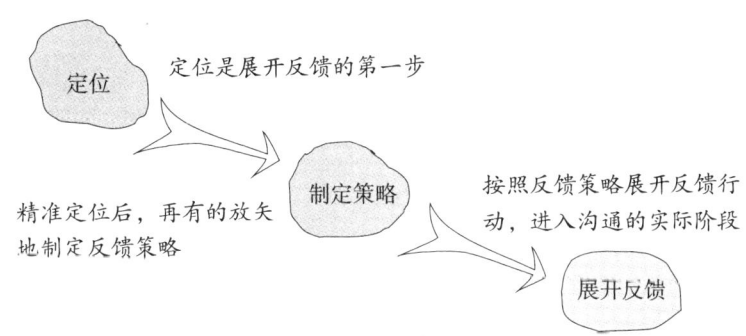

那么，如何才能在反馈之前进行精准的定位呢？你可以从下图所示的六个方面入手。

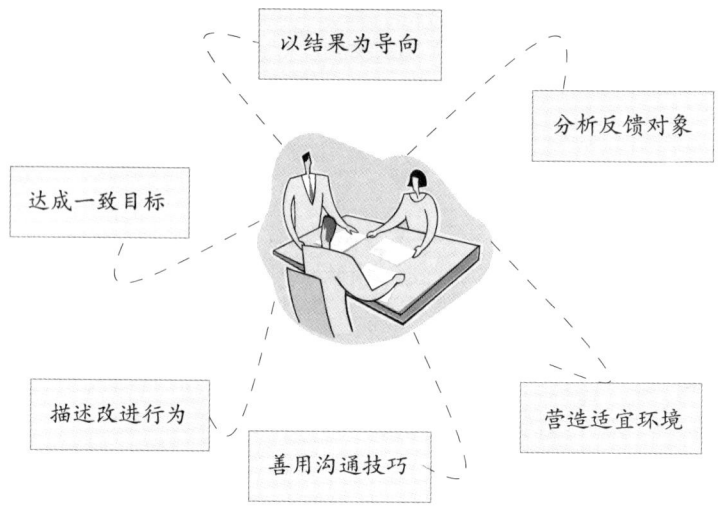

1）以结果为导向。从最终想收获的结果反推起始的定位，保证定位不偏不倚。

2）分析反馈对象。从反馈对象的性格、身份等特征定位反馈的方式和方法。

3）营造适宜环境。从环境入手定位反馈的风格和谈话的方式。

4）善用沟通技巧。掌握必备的沟通技巧，精准定位反馈的内容和方式。

5）描述改进行为。向反馈对象描述具体的改进行为，定位反馈活动的目标和实质。

6）达成一致目标。力争和反馈对象达成一致的目标，精准定位反馈活动的目标和实质。

（2）提供反馈有方式

反馈的内容具有多样性，反馈的对象具有差异性，所以有效反馈的方式不尽相同，大致可以分为六种，见下图。

方式1：自我寻求的反馈方式。

自我寻求的反馈一般是指反馈者希望在沟通过程中寻求自我意识、自我肯定的一种反馈方式。

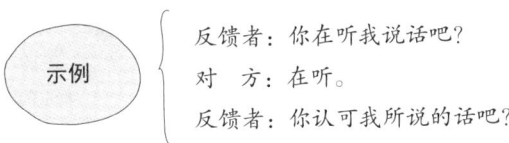

示例
反馈者：你在听我说话吧？
对　方：在听。
反馈者：你认可我所说的话吧？

方式2：寻求反复的反馈方式。

寻求反复的反馈一般适用于两种情况，一是反馈者没有听清楚对方的谈话内容，二是需要对重要事项进行确认。

示例
反馈者：不好意思，你刚刚说的是不是×××？我没听清楚。
对　方：是的。
反馈者：是×××，你确定？

方式3：复述内容的反馈方式。

反馈者将对方的谈话内容复述一遍，在进一步确认信息的同时也易于引起对方强烈的共鸣。

> 对　方：我终于完成任务了。
> 反馈者：你终于完成任务啦，真是太好啦！

方式 4：表示同意的反馈方式。

反馈者肯定或认可对方的谈话内容或行为，并让对方明确知晓。

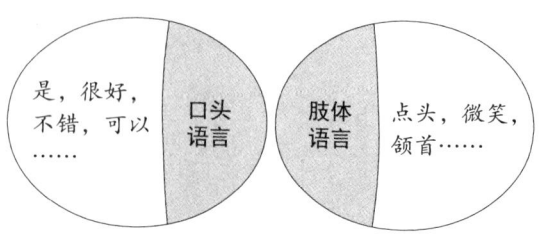

方式 5：纠正对方的反馈方式。

反馈者不认可对方的谈话内容或行为，并提出意见或建议。

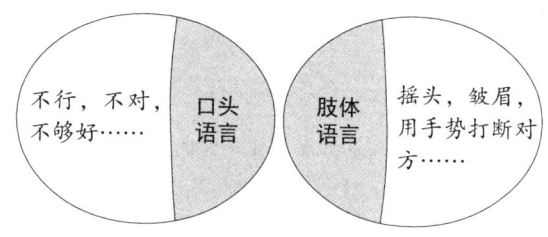

方式 6：表示愉快的反馈方式。

反馈者为了营造气氛、拉近距离、鼓励对方，用赞扬或认同的方式表达自己的内心感受。

> 对　方：×××。
> 反馈者：哈哈，你真是太幽默了，和你沟通真是太舒畅啦！

（3）给予反馈有步骤

反馈作为沟通的重要组成部分，是表达自己观点和见解的方式，也是增进双方感情的桥梁。

给予反馈的过程就是和对方进行交流的过程，这在很大程度上可以促进工作关系的改善。

给予反馈的内容在一定程度上会涉及人们完成工作的方式，有效反馈可以起到优化工作过程的作用。

给予反馈的目的可能会指向可衡量的工作结果，有效的反馈可能会带来更完美的结果。

行之有效地给予反馈应遵循以下三个步骤。

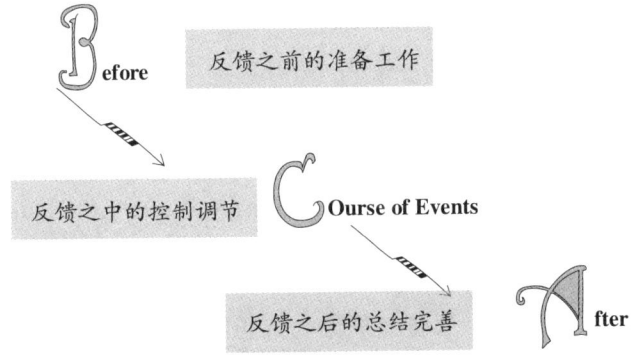

1）反馈之前的准备工作。
- 明确期望值和目标。
- 收集反馈时要用到的所有资料。
- 选择合适的时间和地点安排一次面谈。

2）反馈之中的控制调节。
- 进行描述时要做到清晰、客观。
- 用一种积极的态度把控反馈氛围。
- 有效倾听并提出能够被对方理解的意见或建议。

3）反馈之后的总结完善。
- 事后回顾反馈全程，并为自己做出评价。
- 寻求对方带给自己的反馈，并思考总结。

6.3 创新

6.3.1 创新思维

创新思维是指以新颖、独特、别出心裁的方法解决问题的思维过程。创新思维通常能突破常规思维的界限，运用超常规或反常规的方法和视角思考问题、解决问题，进而产生有一定意义的思维成果。

创新思维是人类最高级别、最复杂的精神活动之一。凭借创新思维，人类不断地认识世界和创造世界，形成了无数物质文明和精神文明成果。那么，员工应如何理解创新思维呢？可以从了解创新思维的特征入手。

创新思维的特征

特征	说明
对传统的突破性	◎创新者突破原有的思维框架，排除以往的思维程序和模式对寻求新的设想的束缚性，并对那些默认的假设、陈腐的观点和固化的模式提出挑战和质疑 ◎创新者突破思维定式，不再墨守成规
思路上的新颖性	◎表现为思路、思考上的首创性和开拓性，个体往往突破前任成果束缚并通过独立思考形成自己的观点和见解，从而产生崭新的思维成果
程序上的非逻辑性	◎创新思维的产生常常省略了逻辑推理的许多中间环节，具有跳跃性，并常常采用直觉思维的形式提出新观念、突破新问题，是从"逻辑的中断"到"思想的飞跃"
视角上的灵活性	◎视角随着条件的变化而转变，并能根据不同的对象和条件，灵活应用各种思维方式，摆脱思维定式的消极影响
内容上的综合性	◎创新思维是在总结前人思维成果的基础上得来的，谁能高度综合并利用前人的思维成果，谁就能取得更多的思维突破

创新思维的特征很好地体现出其自身的优势，员工要想激活自身的创新思维，还需要进一步了解创新思维的形式，通过在实践中灵活运用这些形式取得创新的丰硕成果。具体见下表。

创新思维的八种形式

形式	说明
延伸式思维	◎借助已有的知识，沿袭他人、前人的思维逻辑去探求未知的知识，并将认识向前推移，从而丰富和完善原有的知识体系
扩展式思维	◎拓宽研究对象的范围，从而获取新知识，使认识扩展
联想式思维	◎对所观察到的某种现象与自己所要研究的对象加以联想思考，从而获得新知识
运用式思维	◎运用普遍性原理研究具体事物的本质和规律，从而获得新的认识
逆向式思维	◎否定原有结论或思维方式，运用反向思维方式进行探究，从而获得新的认识
幻想式思维	◎对在现有理论和物质条件下不可能成立的某些事实或结论进行幻想，从而推动人们获取新的认识
奇异式思维	◎对事物进行超越常规的思考，从而获得新知识
综合式思维	◎在认识事物的过程中，将以上几种思维形式中的某几种或全部思维形式加以综合运用，从而获取新知识

6.3.2 创新能力

创新能力是指运用知识和相关理论，在科学、艺术、技术和各种实践活动领域中不断提供具有经济价值、社会价值及生态价值等的新思想、新理论、新方法和新发明的能力。

创新能力与一般能力的区别主要在于创新能力的新颖性和独创性。创新能力形成的四大原理如下图所示。

| 第一原理 | 遗传素质是形成人的创新能力的生理基础和必要的物质前提，它潜在决定着个体创新能力未来发展的类型、速度和水平 |

| 第二原理 | 环境是人的创新能力形成和提高的重要条件，它影响着个体创新能力发展的速度和水平 |

| 第三原理 | 实践是创新能力形成的唯一途径 |

| 第四原理 | 创新思维是人的创新能力形成的核心与关键，它是人的创新活动的灵魂和核心 |

一般来说，创新能力是个体大脑思维能力和社会实践能力的综合体现，由知识经验、智能因素和非智力因素组成。其中，知识经验是创新能力的前提和基础；智能因素是创造活动的操作系统；非智力因素虽然不直接介入创造活动，但却是创新能力的动力系统，对整个创造活动起着重要作用。

（1）知识经验

一般知识经验为创新能力提供着广泛的背景，而那些特殊领域的专业知识、创造学知识则直接影响创新能力层次的高低，并在很大程度上决定着个体的认知能力和解决实际问题能力的质量。如果没有知识经验，个体是不会创造出成果的。

（2）智能因素

智能因素主要包含三种能力，即一般智慧、创造性思维能力和特殊智能，具体见下表。

智能因素的三种能力

能力	说明
一般智慧	◎人们检索、处理以及运用信息，对事物做简洁、概括反映的能力，如观察力、注意力、记忆力、操作能力等
创造性思维能力	◎人们在进行创造性思维活动时的心理活动水平，是创新能力的实质和核心，主要包括发散思维能力和形象思维能力
特殊智能	◎人们在某种专业活动中表现出来的、保证专业活动获得高效率的能力，如音乐能力、绘画能力、体育能力、操作能力等

（3）非智力因素

非智力因素包含三种因素，即创新意识因素、创新精神因素和创新技能，如下图所示。

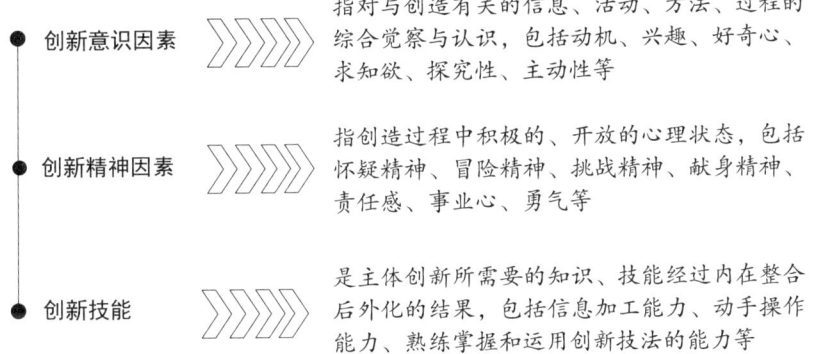

6.3.3 培养创新思维能力的方法

（1）传统智力激励法

传统智力激励法由美国创造学家奥斯本创立，该方法的核心是组织一场10人左右的会议，会议期间各与会人员就会议议题畅所欲言、各抒己见，形成各种方案和设想，然后由决策者对这些方案和设想进行综合分析，形成问题解决对策。使用传统智力激励法的基本原则如下图所示。

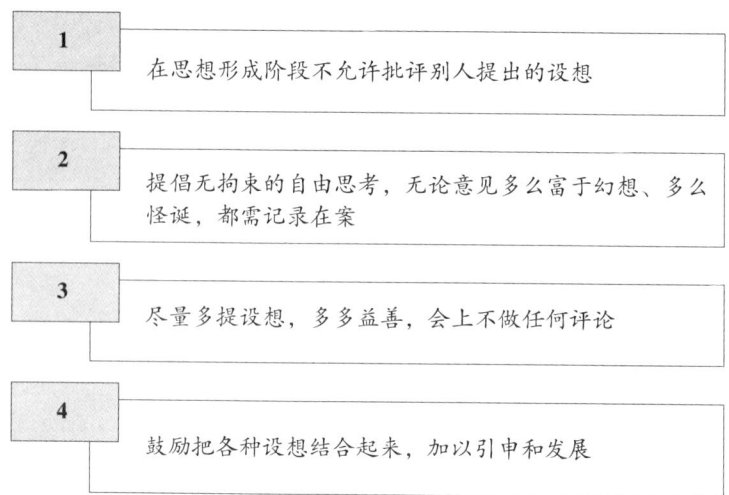

还需要注意的是,运用传统智力激励法时,参加会议的人员数量最多不要超过 10 人,且会议的讨论时间应控制在 20~30 分钟,与会人员不可私下交换有关会议议题的任何意见、看法等。

(2)默写式智力激励法

默写式智力激励法是德国学者鲁尔巴赫在对奥斯本传统智力激励法进行改造的基础上创立的,其原理与传统智力激励法相同,只是形式由畅谈变成了填写卡片。

该方法一般只允许 6 人参加会议,每人每轮在卡片上写出 3 个设想,每轮会议历时 5 分钟,因此,该方法又被称为"635 法"。

默写式智力激励法实施步骤如下。

步骤 1:根据会议议题选择合适的会议主持人和会议参加者。将 6 个与会人员安排在一张圆形会议桌前,并为每人发放一张画有 6 个大格 18 个小格的卡片。

步骤 2:主持人向与会人员公布会议主题,并随时解答与会人员提出的疑问。

步骤 3:会议开始。在第一个 5 分钟内,主持人要组织与会人员在自己面前的卡片上的第一个大格内写出 3 个设想,每一个设想写在一个小格内，设想的表述应尽量简明。

步骤 4：第一个 5 分钟结束后，主持人组织与会人员按顺时针或逆时针方向传递自己面前的卡片。在第二个 5 分钟内，主持人组织与会人员在参考他人设想的基础上在自己面前的卡片上填写 3 个新设想。依次类推，共进行 6 轮会议，最终产生 108 个设想。

步骤 5：会议结束后，主持人对会上产生的 108 个设想进行整理、分类，并按照一定的评判标准筛选出有价值的设想。

相对于传统智力激励法，默写式智力激励法从源头上避免了与会人员受到他人意见的影响，但该方法的弊端在于，与会人员在会议期间只能自己看、自己想，对创新思维能力的激励不够充分。

（3）三菱式智力激励法

与奥斯本传统智力激励法不同的是，日本三菱树脂公司采用对设想进行评价和集中的方法来启发与会者的创新思维能力，摒弃了奥斯本传统智力激励法严禁批判的原则。

该方法要求与会人员预先将与主题有关的设想分别写在纸上，然后轮流提出自己的设想，现场接受提问或批评，接着主持人以图解方式进行归纳，最后由与会人员讨论。这种方法被称为三菱式智力激励法，又称 MBS 法。

三菱式智力激励法实施步骤如下。

步骤 1：会议准备。会议组织人员做好会场布置工作，并在会议桌上摆放会议所需的纸笔及其他文件等。

步骤 2：提出主题。会议主持人向所有与会人员宣布会议主题及会议规则，并随时解答与会人员提出的疑问等。

步骤 3：会议主持人组织与会人员将自己与会议主题有关的设想写在各自面前的纸上，设想数量通常为 1~5 个，书写时间为 10 分钟。

步骤 4：会议主持人组织各与会人员轮流发表自己的设想，并记下每人的设想，其他人也可以根据宣读者提出的设想填写新的设想。

步骤5：将设想写成正式提案。待所有与会人员发表完自己的设想后，会议主持人组织各与会人员将自己的设想写成正式的提案，并将每个人的提案用图解的方式写在黑板上，然后让与会者进行进一步讨论，以便获得最佳方案。

（4）德尔菲法

德尔菲法，又名专家意见法，是一种依据系统程序组成一定数量的专家团就某一议题发表匿名意见，然后经过多轮调查，确定最终意见的培养创新思维能力的方法。

德尔菲法实施步骤见下表。

德尔菲法实施步骤

步骤	说明
1. 组成专家组	◎按照议题所需要的知识范围确定专家。专家人数的多少可根据预测议题的大小和涉及面的宽窄而定，通常情况下为5~10人，最多不超过20人
2. 填写第一轮调查表	◎会议组织者发给每位专家的第一轮调查表是开放式的（无限制，以免漏掉一些重要事件），要求专家只提出预测问题，并附上有关这个问题的所有背景材料，请专家围绕预测主题提出预测事件
3. 汇总整理调查表	◎会议组织者要对专家填好的调查表进行汇总整理，归并同类事件，排除次要事件，用准确术语提出一个预测事件一览表，作为第二轮调查表发给专家
4. 填写第二轮调查表	◎会议组织者将第二轮调查表发给各位专家，让专家比较自己同他人的不同意见，修改自己的意见和判断 ◎会议组织者收到第二轮专家意见后，要对专家意见做统计处理，整理出第三轮调查表
5. 填写第三轮调查表	◎会议组织者将第三轮调查表发给各位专家，组织专家根据反馈意见对自己的看法或意见等进行修正，并逐轮收集意见作为专家反馈信息，直到专家不再改变自己的意见为止 ◎向专家反馈意见的时候，会议组织者只给出各种意见，不说明发表意见的专家姓名。这一过程重复进行，直到每位专家不再改变自己的意见为止
6. 汇总专家意见	◎对专家的意见进行综合处理，汇总成基本一致的看法，作为预测的结果

需要注意的是，使用德尔菲法培养创新思维能力时，各位专家之间不得互相讨论，只能与会议组织者发生调查关系。此外，专家可以借用表格、直观图或文字叙述等形式来表现预测结果。

（5）和田十二法

和田十二法是我国上海创新教育工作者许立言、张福奎在奥斯本检核表基础上，借用其基本原理加以创造而成的。该培养方法因只涉及12个动词，在上海市闸北区和田路小学首先使用，故被称为和田十二法。该方法要求人们在观察和认识事物时，可以考虑：加一加、减一减、扩一扩、变一变、改一改、缩一缩、联一联、学一学、代一代、搬一搬、反一反、定一定。具体说明见下表。

和田十二法的内涵

内容	说明
加一加	◎即在已有的东西上添加些什么，或把这件东西与其他东西组合在一起会有什么结果，或把这件东西加长、加大、加高、加宽会怎么样
减一减	◎即将原有物品减少、减短、减窄、减轻、减薄……设想能变成什么新的东西，将原有操作减慢、减时、减次……又会有什么效果
扩一扩	◎即将原有物品放大、扩展，会有什么变化
变一变	◎即改变原有事物的形状、尺寸、颜色、味道、浓度、密度、顺序等，形成新的物品
改一改	◎即从现有的事物入手，发现该事物的不足，如不安全、不方便、不美观的地方，然后针对这些不足寻找有效的改进措施，从而创新。改一改就是不断发现缺点、克服缺点、精益求精的过程
缩一缩	◎即把原有物品的体积缩小、缩短，变成新的东西，如生活中常见的折叠伞、折叠桌椅、折叠沙发等
联一联	◎即把某一事物和另一事物联系起来，看看能产生什么新的事物，这种联系起来的分析方法经常能使人发现一些新的现象和原理
学一学	◎即学习模仿别的物品的原理、形状、结构、颜色、性能、规格等，以求创新。学一学不是照搬，而是从现象中寻找规律性的东西，在学习模仿中不断改进和创造

续表

内容	说明
代一代	◎即用其他事物或方法来代替现有的事物或方法，许多事物尽管使用领域不一样，使用方式也不同，但都能完成同一种功能，因此可以替代
搬一搬	◎即把这件事物、设想、技术搬到别处会产生什么新的事物、设想和技术
反一反	◎即将某一事物的形态、性质、功能以及正反、里外、前后、左右、上下、横竖等加以颠倒，从而产生新的事物
定一定	◎即制定一些规定和规则，只有有了这些规定和规则，我们的行为才能准确而有序

创新思维能力的培养是一项系统工程，这一工程需要企业各方及员工个人多方面的努力和配合。

在工作中，企业和导师应充分尊重员工的个性发展与创造精神，营造良好的企业创新环境和创新氛围，构建合理的课程体系，并增加专门的创新课程，要改进培训方法、转变培养模式，要把过去以"导师单方面传授知识"为主的教学方式转变为"启发员工自主学习知识"，加强实践训练。

作为员工，则要通过培养自己的自我学习能力、信息处理能力、非智力因素及磨炼个人逆商来实现个人创新思维能力的可持续发展。具体说明见下表。

员工提升个人创新思维能力的途径

途径	说明
培养自我学习能力	◎员工只有能够主动自我学习，才能知道怎样学习、怎样研究以及怎样创新 ◎在培养自我学习能力时，员工应在开放的学习环境中进行培养，以畅通知识的获取途径
培养信息处理能力	◎对信息技术的应用能力、查询能力，以及对信息加工处理及消化、吸收、利用并创造新信息的能力是信息处理能力的关键部分，直接影响员工个体知识创新、技术创新的能力

续表

途径	说明
培养非智力因素	◎非智力因素一般包括兴趣、情感、意志、性格等，这一因素不是人生而有之的，而是在后天的生活及学习中养成的，员工要根据客观规律有目的地培养个人的兴趣、情感、意志、性格等，并保持开放的状态
磨炼个人逆商	◎逆商是指人们面对逆境时的反应方式，体现的是人们面对挫折、摆脱困境和超越困难的能力。员工应从自己的兴趣、需求、性格及气质入手，依据外部提供的客观条件和学习途径去主动了解逆商的相关知识，并且要辩证地看待困境与失败，克服逆境行为的不良反应，调整自己的心态，使自己在逆境面前越挫越勇，使自己的人格更趋完善

职业素养

即学即用

1. 分析你正在做的工作任务或即将做的工作任务，完成以下练习。

工作任务描述：_____
_____
_____
_____
_____

（1）利用分解树法对该任务目标进行分解。

注：如需要，可另附页。

```
任务总目标：
    _____
    _____
            │
        小目标1：
        _____
        _____
        _____
            │
      可执行目标1：
      _____
      _____
      _____
```

（2）利用 7W1H 法对该任务进行分析。

Who: _____

What: _____

Whom: _____

Why: _____

When: _____

Where: _____

What qualifications: _____

How: _____

2.结合所学内容,绘制有关"员工应具备的职业素养"的思维导图。

说明:你可以根据你对于职业素养内涵以及如何提升个人职业素养等的理解来完善该思维导图的内容,内容越丰富越好。绘制时需注意内容之间的逻辑关系。如需要,可另附页。

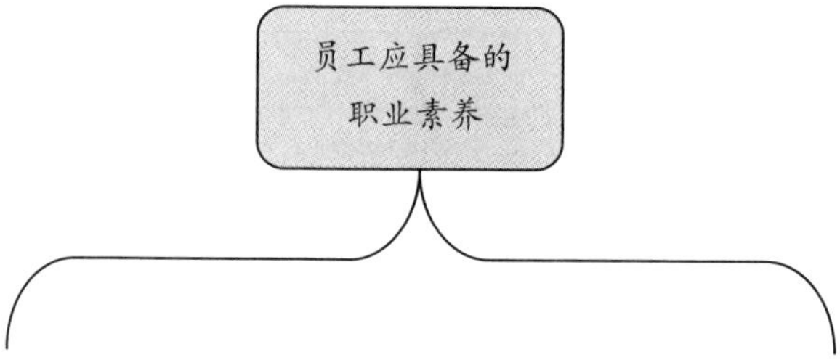

员工应具备的职业素养

3. 完成下面的"倾听习惯测试",根据你自己的情况做出判断。

题目	选项
1. 我常常试图同时听几个人的交谈	A. 是 B. 否
2. 我喜欢别人只提供事实,让我自己做出解释	A. 是 B. 否
3. 我有时会假装自己在认真听别人说话	A. 是 B. 否
4. 我认为自己不是非言语沟通方面的好手	A. 是 B. 否
5. 我常常在别人说话之前就知道他要说什么	A. 是 B. 否
6. 如果我对交谈不感兴趣,常常会通过注意力不集中的方式结束谈话	A. 是 B. 否
7. 我常常用点头、皱眉等方式让对方了解我对他所说内容的感受	A. 是 B. 否
8. 我常常在别人刚说完时就紧接着谈自己的看法	A. 是 B. 否
9. 别人说话的同时,我会评价他的内容	A. 是 B. 否
10. 别人说话的时候,我常常在思考接下来我要说的内容	A. 是 B. 否
11. 说话人的谈话风格常常影响我对内容的倾听	A. 是 B. 否
12. 为了弄清对方所说的内容,我通常不会采取提问的方法,而是直接进行猜测	A. 是 B. 否
13. 我通常不会为了了解对方的观点而花费很多时间	A. 是 B. 否
14. 我常常听到自己希望听到的内容,而不是别人表达的内容	A. 是 B. 否
15. 当我和别人意见不一致时,很少有人会认为我理解了他们的观点和想法	A. 是 B. 否

说明:上述各题,选择"是"得7分,选择"否"得0分,加总后为你的最后得分。得分为91~105分,表明你有良好的倾听习惯;得分为77~90分,表明你还有很大程度可以提高;得分低于76分,表明你不是一个好的倾听者,在此技巧上你要多下功夫。

4. 汇总当前工作中遇到的各类问题，向导师或其他同事请教，认真倾听并准确把握导师或其他同事的指导要点，制订个人工作改进计划。

工作中遇到的问题	导师或其他同事指导要点	改进计划

注：如需要，可另附页。

第7章

职业习惯

7.1 态度

7.1.1 端正态度

员工的职业习惯能够充分反映出这名员工的职业素养，而态度则是体现职业习惯的一个重要方面。态度是劳动者经过较长时间的工作形成的一种综合的心理行为模式。

（1）工作态度测试

很多时候员工对自己的工作态度不甚了解，通过工作态度测试，可以帮助员工正确判断自己的工作态度。

员工根据自己的工作实际对以下12道测试题进行作答：非常符合的计5分，比较符合的计4分，不确定的计3分，不太符合的计2分，很不符合的计1分。对照自己的分数，就可以大致评定自己的工作态度是否端正。

个人工作态度自测题

1. 你在工作中的精神状态很振奋。
2. 你拥有一个明确的目标并为之奋斗。
3. 你非常重视工作中的用具、设备等资源。
4. 你致力于营造愉快、和谐的工作氛围。
5. 你为自己制订了详细的计划，并且按照计划逐一实施。
6. 你关注工作中的细节问题，并且善于发现和解决细节问题。
7. 与同事相比，你认为你在工作中的表现非常好。
8. 你能专注于一项工作，直到把这项工作做完。
9. 你非常认同所在组织的文化和价值观。
10. 你能够超出领导的期望，主动去完成一些事情。

> 11. 你从不迟到和早退，有时为了尽早完成工作还不计报酬地加班。
> 12. 你具有强烈的危机感，总是督促自己不断学习。
>
> **自测分数说明：**
>
> 如果你的分数在45分以上，说明你工作态度良好，请继续保持。
>
> 如果你的分数为25~45分，说明你工作态度一般，需要加把劲儿。
>
> 如果你的分数在25分以下，说明你工作态度较差，需要及时改进。

（2）常见的不良态度

个人对自己的工作态度有了基本的认识后，可以对照自己的工作表现，找到需要改进的方面。

下图所示的"不良态度"，员工不可等闲视之，要高度重视。

正确的态度是工作成功的基石。当别人犹豫不决时，你要具有坚定的态度；当别人斤斤计较时，你要具有豁达的态度；当别人惊慌失措时，你要具有镇定的态度……通常，对工作抱什么样的态度，就会出什么样的结果。

【案例】

一名刚到公司报到的新员工问一名老员工："咱们公司的经营状况如何？"

老员工反问道："你原来工作的单位如何？"

新员工回答:"糟透了,我很讨厌那家单位!"

老员工接着说:"那你在这里也不会干很久的,这里也糟透了!"

后来公司里又来了一名新员工,他问了这名老员工同样的问题,老员工也做了同样的反问。这名新员工回答:"我以前工作的单位非常舒心,虽然我已经离开了,但我仍然会怀念我在那里的日子!"

老员工回答道:"这里也一样舒心,你会喜欢这里的!"

旁听者觉得诧异,问老员工为什么前后说法不一致呢?老员工说:"你要寻找什么,你就会找到什么!"后来,那个说"糟透了"的员工没多久就离开了这家公司,而那个说"舒心"的员工却在公司里步步高升,一直做到了高层位置。

(3)端正自己的工作态度

正确的态度能够成就完美的执行。员工要想端正工作态度,可以从以下五个方面做出转变,并使之成为习惯。

转变1:不在工作中找借口。

作为员工,在工作中难免会遇到各种难题或工作失误,这个时候要首先思考如何解决问题或者改正错误,而不是忙于为自己的结果找借口。借口就是推卸责任,员工不能养成找借口的习惯。

转变2:主动承担工作任务。

被动的员工通常一味地等待机会的垂青,主动的员工则会积极地寻找机会。聪明的员工往往会主动承担任务。

| 每天多做一点点 | 主动向领导要工作 | 提高工作的"含金量" |

转变3:让工作不再是工作。

心在一艺,其艺必精;心在一职,其职必举。

员工不能仅仅把工作看成是"养家糊口"的工具,而要把工作当作"实现自我"的事业来经营。员工要找到点燃自己工作激情的有效途径，并在平淡的执行工作中时刻保持这种激情。

转变 4：比别人做得更好。

态度坚定一点，成就胜人一筹。

在这个强手如云的年代，勤奋已经是人所共有的工作态度。员工在工作中要认认真真，努力干好每一件事，不怕吃苦，踏实工作，努力让自己的工作效率和效果始终比他人领先一步。

转变 5：注重工作的细节。

【案例】

日本东京贸易公司有一位专门为客户订票的销售代表，他经常为德国一家公司的商务经理预订往来于东京和大阪之间的火车票。不久，这位经理发现了一件看似非常巧合的事：每次去大阪时，他的座位总是靠列车右边的窗口，返回东京时又总是靠左边的窗口。

有一次，这位经理向销售代表询问这是否是巧合。销售代表说："火车去大阪时，富士山在您的右边，返回东京时，它则在您的左边。我想，外国人都喜欢日本富士山的景色，所以每次我都替您预定相应位置的车票。"

就这么一桩不起眼的小细节让德国客户颇为感动，后来他把与这家公司的贸易额由原来的 400 万马克（约 1 400 万人民币）提高到了 1 000 万马克（约 3 500 万人民币）。

"无心插柳柳成荫"。员工在执行日常工作中一个不起眼的小细节，却为公司带来 600 万马克的贸易增长额。这说明工作的细节无处不在，关键要看你是不是那个善于运用细节的"有心人"。

7.1.2　修炼态度

（1）善于从内心认可自己

对于一名员工来说，要想取得更大的成就，获得自信是第一步，也是最重要的一步。而要想获得自信，首先是要能够从内心认可自己。

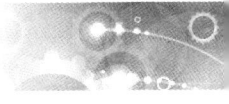

1）不要小看自己。自卑是一种消极的自我评价或自我意识，它像一个摄像机的镜头，让人放大自己的缺点，缩小自己的优点。很多员工，做事畏首畏尾，不相信自己能把别人做不好、做不到的工作做出色，因此总是使自己和他人保持一致，害怕表明自己的观点，放弃自己的见解和信念，最终埋没了自己的天赋，抑制了自己潜能的发挥。

克服自卑感的第一步就是要接受自己、认可自己，不要小看自己。只要对自己的工作充满热情，摒弃悲观，相信自己能够将工作做到最好，并为之努力，就一定能够在自己所在的领域内取得优秀的业绩。

【案例】

周明过去很自卑，他似乎永远也直不起腰，和别人说话时不敢正视他们的眼睛，声音小得只有他自己听得见。然而再自卑的人也会渴望成功，周明不想被人歧视，他的内心深处总有一个声音想要冲破压抑：我什么时候才能体会到成功的滋味呢？

一次户外实践的机会改变了周明。这一天，老师带领全班同学来到一家食品加工厂体验生活。厂里主要做一种水果罐头，但因为没有专用的清洗设备，每天都要靠工人用手清洗收回来的成千上万个罐头瓶。老师把周明一班人带到清洗车间，宣布开展刷瓶子竞赛，看谁刷得最多。周明觉得这个比赛很有意思，兴奋又急切的他在学会了所有的清洗工序后开始认真地刷起来。

周明刷得非常认真，一整天都没有停下来，当许多同学都嫌这个活儿太累而放慢速度的时候，周明干得更加起劲儿。比赛结束时，他刷了100多个瓶子，是所有同学里面刷得最多的。老师宣布周明是第一名，这让他十分自豪。这次小小的成功给了周明自信，也就是从那天起，他知道无论干什么事情，只要肯干，就一定可以干好。从此他抛掉了以前的自卑，开始了全新的生活。

这个周明就是发明了中日文机器翻译软件的人,他现在是微软亚洲研究院首席研究员,拥有众多重要的科研成果,被公认为是计算机自然语言处理领域中最有才华的科学家之一。

小时候的那件事虽已过去多年,但周明还是记忆犹新。他回忆时感慨地说:"我原来一直是没有自信的,但是这件事给了我自信。我发现了天才的全部秘密其实只有6个字——'不要小看自己'。"

员工认认真真、满怀热情地去工作,就能做出一番不错的成绩,而突出的工作成果能够让员工认可自己的能力,摆脱自卑的心理,获得足够的自信。自信能够帮助员工在以后的工作中取得更大的成功。

员工如果意欲摆脱自卑的枷锁,就要通过多学、多干来陶冶自己的情操,充实自身的知识和经验,相信并保证自己"确实能做到"。

2)正确认识自己。资源放错了地方就是废物,同样,天才选择了错误的定位就有可能变成庸才。每个积极上进的人都渴望自己有所作为,但是如果选择了错误的定位,那么不论他如何努力都很难走出失败的怪圈。客观、清楚地认识自己,在工作中找到适合自己做的事,做正确的事并能正确地做事,一定能够与众不同。

【案例】

张帆在某名牌大学修完MBA课程后就被一家跨国公司聘用了。他的确聪明过人,深得老板赏识,工作不满三年就一路升到策划总监的位置。

在这个位置上,张帆做得游刃有余。作为老板智囊团的核心成员,他帮公司出谋划策,相继做了好几个大的策划案,为扩大公司在国内和国际市场的影响力立下了汗马功劳。业内人士一提起他的名字都佩服有加,说他是企业不可多得的人才。

在稍有成绩之后,他决定自己开公司、当老板!

听说张帆自己开公司,许多以前的客户和他在商业圈里结交的朋

友都很支持他,认为他一定会有更大的作为。他雄心勃勃地要大干一场。可天有不测风云,张帆连做了几笔生意,都是只赔不赚,两年后公司资不抵债,连员工的工资都没有着落,只能申请破产。

张帆认为自己很有能力,公司破产只不过是运气不好罢了。两年后他又注册了一家贸易公司,决定东山再起。然而,这次公司经营不到两年又以破产告终。

两次创业失败后,张帆心理上受到了严重的打击,开始自暴自弃。他的一位从事人力资源工作的同学对他做了全面的职业分析,认为他是一位得力的干将,但不适合做企业的领袖。

张帆终于有些释然,从古到今,有很多名人并不是个个都成为帝王,而是通过辅佐明君而功成名就、流芳百世的。张帆了解自己没有领袖资质后决定回归职场,从零做起。几年后他又成为一家大集团公司的副总。

张帆最终认清了自己,从而改变了自己的人生态度,找准了自己的职业定位。这种态度上的转变,也使他取得了职场上的成功。

如果一个人给自己设定一个脱离实际的标准,如"我应该如此""我应该像×××一样"等,就会失去平和的心态。这种心理失衡会导致他丧失自我,陷入失败、妒忌甚至自卑的泥淖中不可自拔。作为员工,要学会正视自己,冷静地给自己一个准确的定位,这样才能及时调整人生航向,去争取"赢"的机遇和时间。

失之东隅,收之桑榆。成功的路径不止一条,不要循规蹈矩,更不要放弃成功的信心,正确认识自己,找到自己的路,勇往直前地走下去,就能到达理想的彼岸。

3)始终相信自己。人与人之间只有很小的差异,但是这种很小的差异却造成了巨大的差距。心态积极的员工,在工作中总能看到自己的长处,把握住自信,不断发掘自己的潜能,将工作做到精益求精;而心态消极的员工,则遇事总有避让心理,不相信自己能做好,结果往往一事无成。

【案例】

有一位女歌手,第一次登台演出时,内心十分紧张。想到自己马上就要上场,面对上千名观众,她的手心直冒汗:要是在舞台上一紧张,忘了歌词怎么办?她越想,心跳得越快,甚至想"打退堂鼓"。

就在这时,一位前辈笑着走过来,随手将一个纸卷塞到她的手里,轻声说道:"这里面写着你要唱的歌词,如果你在台上忘了词,就打开看看。"她握着这张纸条,像握着一根救命稻草,匆匆上了台。也许是因为有那个纸卷握在手里,她的心里踏实了许多。她在台上发挥得相当好,完全没有失常。

她高兴地走下舞台,向那位前辈致谢,前辈却笑着说:"是你自己战胜了自己。其实,我给你的是一张白纸,上面根本没有写什么歌词!"她展开手里的纸卷,果然上面一个字都没有。她感到惊讶。

"你手握的这张白纸并不是一张白纸,而是你的自信啊!"前辈说。

在以后的人生路上,她紧紧握住自信,战胜了一个又一个困难,取得了一次又一次成功。

在工作中,自信的员工相信自己的能力,敢于尝试更多的新工作,勇于挑战新的问题,因而他们能够使自己的能力和才华得到更充分的发挥和提升。

其实,即使一个人真的缺乏应有的自信,也可以选择从自己最擅长的小事入手,通过不断积累的成功效应,来逐渐增强自己的自信。

(2)为自己设定一个目标

1)目标明确。人生最可怕的敌人,就是没有明确的目标。一个人如果没有清晰的目标,就会失去前进动力,就如同走路没有方向,永远到达不了想要去的地方。

谁拥有了长期与清晰的目标,谁就有可能取得更大的成就。一份来自专业机构的调查显示,世界上只有3%的人有清晰而长远的目

第7章 职业习惯

标，10%的人目标清晰但短小，60%的人目标非常模糊，27%的人根本没有目标。事实证明，那些目标清晰而长远的人中很多成了社会各界的成功人士，而那些根本没有目标的人则一直生活在社会的最底层。

那么，目标在工作中究竟起着怎样的作用呢？下面的案例似乎给了我们最好的答案。

【案例】

有人做过一个实验：组织三组人，让他们分别沿着不同的小路向十公里以外的三个村庄步行前进。

第一组的人不知道村庄的名字，也不知道路程有多远，只知道要跟着向导走。刚走了两三公里就有人叫苦，走了一半时有人几乎愤怒了，他们抱怨为什么要走这么远，何时才能走到，有人甚至坐在路边不愿走了，越往后走他们的情绪越低落。

第二组的人知道村庄的名字和路程，但路边没有里程碑，他们只能凭经验估计时间和距离。走到一半的时候大多数人就想知道他们已经走了多远，比较有经验的人说："大概走了一半的路程。"于是大家又簇拥着向前走，当走到全程的四分之三时，大家情绪低落，觉得疲惫不堪，而剩余的路程似乎还很长，当有人说"快到了"时，大家又振作起来加快了步伐。

第三组的人不仅知道村庄的名字和路程，而且路上每隔一公里就有一块里程碑，人们边走边看里程碑，每缩短一公里大家便有一小阵的快乐。行程中他们用歌声和笑声来消除疲劳，情绪一直很高涨，结果他们很快就到达了目的地。

第一组的人没有目标，他们不知道目的地，也不知道要走的路程，感觉很难到达目的地。第二组的人有目标但不清晰，中途易产生沮丧心理，影响行动。最后一组的人有着清晰的目标，并把大目标分解为各个小目标，每完成一个目标就受到一定的激励，所以很快到达目的地。这个案例告诉我们：目标是人奋斗进取的动力源泉，要想获得成功，就必须要确定一个清晰可见的目标。有了明确的目标，才会使自己的行动更有计划性和针对性，并能随时检查自己的工作是否偏离了轨道。

2）为目标设限。一个没有完成时限的目标是毫无意义的。只有在确定了完成时限之后，目标才有了存在的价值。由于目标没有设限，所以人们总是找种种借口和理由为自己推脱，不是"本来今天可以完成的，但临时有事，所以耽搁了"，就是"如果不是被采购部抽走了几个人，我们的任务早就完成了"，这样一来，什么时候才能完成任务永远只是个未知数。拖延会让目标失去其本身存在的价值。

猎豹是众所周知的捕猎高手，它之所以有如此好的捕猎成绩，主要有两点原因：一是它在每次捕猎前会锁定一个清晰的捕猎对象；二是它为每次捕猎都设定了一定的时间限制，如果在短时间内不能成功猎捕到对手，它就会主动放弃。

其实，但凡事业有成的人或者工作业绩突出的人，都是目标管理做得好的人。他们会给自己完成的目标设限，从而使自己的工作更有效率。

【案例】

1978年，有位年仅22岁的大学生非常谨慎地抱着一大包东西拜访了夏普的奈良工厂。他在接待他的工厂主管面前打开布包，拿出一台能够将日语翻译成英语的电子翻译机，热情地说明这台机器的构造。这个大学生称这台机器价值1亿日元，并询问对方买不买。结果买卖成交，他获得了1亿日元的资金。三年后，他用这笔钱创立了属于自己的电脑软件流通公司。这个年轻人就是孙正义。

其实，孙正义早就立志要当一名企业家。那时他还是一名大三的学生，当时他为自己定下目标，每天要在5分钟内想出一种能够赚取事业资金的商品构想。就这样，孙正义很快积累了数百种商品构想，电子翻

译机就是其中之一。

为实现目标设定一个合理的期限,并在这一期限内努力实现目标,这样不仅可以改变一个人的工作态度,甚至可以改变这个人的一生。

一家企业如果没有为实现目标设定时限,很可能造成员工无限期拖延之风的蔓延和整个企业业绩的降低;一个人如果没有为实现目标设定时限,所谓的目标也只能成为摆设,任务的完成很可能遥遥无期。

3)分解目标。如果目标太大或者太远,会使行动失去动力,这时就需要适当地分解目标,让人看到希望。

对一个人来说,目标就像一座山,山顶就是最终的宏伟目标,下面的每一层都是为实现上一层较大目标而要达到的较小目标。制定的阶段性目标和为达到目标而做的每一件事都必须指向最终的目标。

【案例】

1968年的春天,罗伯·舒乐博士立志在美国加利福尼亚州用玻璃建造一座水晶大教堂。他向著名的设计师菲利浦·约翰森表达了自己的设想——"我要的不是一座普通的教堂,我要在人间建造一座伊甸园"。

约翰森问他预算的情况,舒乐博士坚定地说:"我现在一分钱也没有,但100万美元与400万美元的预算对我来说没有区别。重要的是,这座教堂本身要具有吸引捐款的魅力。"

教堂最终预算为700万美元。700万美元对当时的舒乐博士来说是一个不仅超出了能力范围甚至超出了理解范围的数字。

当天夜里,舒乐博士拿出一张白纸,在最上面写上"700万美元",然后又写下10行字:

① 寻找1笔700万美元的捐款;

② 寻找7笔100万美元的捐款;

③ 寻找14笔50万美元的捐款;

④寻找 28 笔 25 万美元的捐款；

⑤寻找 70 笔 10 万美元的捐款；

⑥寻找 100 笔 7 万美元的捐款；

⑦寻找 140 笔 5 万美元的捐款；

⑧寻找 280 笔 2.5 万美元的捐款；

⑨寻找 700 笔 1 万美元的捐款；

⑩卖掉 10 000 扇窗，每扇 700 美元。

60 天后，舒乐博士用水晶大教堂奇特而美妙的模型打动了富商约翰·柯林，获得了第一笔 100 万美元的捐款。

第 65 天，一对倾听了舒乐博士演讲的农民夫妇捐出了 1 000 美元。

第 90 天，一位被舒乐博士孜孜以求精神所感动的陌生人寄给舒乐博士一张 100 万美元的银行本票。

8 个月后，一名捐款者对舒乐博士说："如果你的诚意与努力能筹到 600 万美元，剩下的 100 万美元由我来支付。"

第二年，舒乐博士以每扇 500 美元的价格请求美国人认购水晶大教堂的窗户，付款的办法为每月付 50 美元，分 10 个月付清。他用了 6 个月的时间将 1 万多扇窗户全部售出。

1980 年 9 月，历时 12 年，可容纳 1 万多人的水晶大教堂竣工，成为世界建筑史上的奇迹与经典，也成为世界各地前往加利福尼亚州的人必去观赏的胜景。

水晶大教堂最终的造价为 2 000 万美元，全部是舒乐博士一点一滴筹集而来的。

实现远大目标的过程就像跑马拉松，很多人可能会因为路程太远而不能坚持下去。所以，应该对目标进行分解，把大目标分成几个小的目标和阶段来完成，这样每完成一个小目标便会带给人更多的动力，随着不断的前进，大目标也会越来越近，并最终得以实现。

第 7 章　职业习惯

 **制定目标的 SMART 原则**

（1）S——Specific——特定的、范围明确的。

（2）M——Measurable——可以衡量的。

（3）A——Attainable——可实现的。

（4）R——Result-based——基于结果而非行为或过程。

（5）T——Time-based——有时间限制。

（3）把握住今天才是最好的

1）今天，抛开昨天的负担。人在工作或生活中会经常经历失败与成功。但昨天的失败已经不可改变，昨天的辉煌也已经成为历史，这些昨天的东西如果还遗留在心中，就会成为未来成功的负担。抛开昨天的负担，让昨天的一切都永远留在昨天，才是每个人应该做的。

【案例】

苏拉·班哈特曾是一名备受观众喜爱的女演员，可是她在71岁那年却破产了，而且她又因摔伤染上静脉炎和腿痉挛，所以必须截肢。医生把这个坏消息告诉了苏拉，担心她会很难接受。然而苏拉很平静地说："如果非这样不可的话，那只好这样了。这就是命运。"

当她被推进手术室的时候，她的独生子站在一边哭，她朝他挥了挥手，微笑着说："不要走开，我马上就回来。"

在去手术室的路上，她一直背着自己曾演过的一个角色的台词，有人问她这么做是不是为了显示她自己的辉煌，她说："不是的，是让医生和护士们高兴，他们承受的压力很大。"

手术后的苏拉·班哈特产生了环游世界的想法。苏拉坚韧不拔的精神感动了很多影迷，她每到一个地方都会受到热情的欢迎。

"得之坦然，失之淡然，顺其自然，争其必然"是对苏拉·班哈特的真实写照。她没有沉湎于过去的辉煌和完美，面对重重打击也没有悲观绝望而是坦然接受。这种"抛开昨天的负担"的超然心态使她如凤凰涅槃，重获新生。

一个人只有抛开昨天的负担，明白这点，才会在面临失败、迷茫、愁闷时找到平衡点，找回自己的人生坐标。"抛开"甚至比"拥有"更重要。面对失败要抛开颓废和懦弱，面对成功要抛开光环和骄傲，面对困境要抛开烦恼和忧郁，面对今天要抛开昨天的负担。

作为企业员工，必须抛开昨天的负担，让自己的心态保持"空杯"，这样才能实现自我超越，才能走向下一个成功的驿站。

2）今天，一切都是最好的。人的一生很短暂，只有三天：昨天、今天和明天。昨天已经过去，明天还没有来到，只有今天属于自己：昨天若有不足，今天尚可弥补；明天有何目标，今天也可谋划。

有些员工总是感叹自己的命运有多么不幸。其实一个人的命运掌握在自己手中，能够把握好今天的人是不会发出这样的感叹的。因为对他来说，"今天，一切都是最好的"。

【案例】

一天凌晨1点钟，有位战地记者看到一名美国士兵正在用快冻僵的手拿着小刀津津有味地吃着一个黄豆罐头。

记者走过去，问了他这样一个问题："如果我是能成全你任何愿望的上帝，你希望得到什么？"

那名士兵一面用小刀剔出黄豆，一面回答说："我想要'今天'。"

时间对每个人都是公平的，每个人的一天仅仅拥有24个小时。能够把握住今天的人能够在短暂的一天中创造出比别人多出几倍的价值。

【案例】

日本销售大师原一平是"把握今天"的高手，他善于利用统筹方法规划自己的每一天。他说："我的座右铭是比别人的工作时间多出

第7章 职业习惯

2~3倍。当别人玩乐时，我要多利用时间来工作，别人若一天工作8小时，我就工作14小时。"

原一平每天早上6点起床后就开始了一天繁忙而紧凑的销售工作。

他认为吃早饭的时间也不可以浪费，因此，他穿衣时让他的妻子将一个小饭团放到他嘴里。这种小饭团是原一平为了挤出时间而发明的，正好一口一个。

原一平结束一整天繁忙的销售工作回到家中，大概已是晚上8点多钟了。吃饭、洗澡之后，他还要继续工作到11点才就寝，然后在睡梦中发明他的销售说词。

能够有效把握今天的人都是时间管理的高手，他们会把每一分钟都用于产生价值。他们会在上班的路上买份报纸，浏览一天的新闻，获取对工作有价值的信息，会在中午吃饭的时候和同事进行交流以开阔自己的思路，会在回家的途中在心里总结一天的工作，会在晚上休息之前做好明天的工作计划。他们的每一天都比别人更有效率，更有成绩。

明天的前途取决于今天的努力。作为员工，如果你能够认真对待今天设定的目标，合理安排自己的时间，全心全意地投入今天的工作，认真做好今天应该做的每一件事情，那么何愁技能不能日臻精益、工作不能步步高升呢？

今天的一切都是最好的，善待今天、把握今天的人，前途才会一片光明。

3）今天，无须为明天担忧。为成功做好准备的唯一方法，就是集中所有的智慧和热忱把今天的工作做得尽善尽美。卡耐基说："我所了解有关人性的最可悲的事情之一是，我们全都有担心未来的倾向，同时又梦想着远方某个神奇的玫瑰园，却不知享受今天盛开在我们窗外的玫瑰。"

卡耐基精辟地剖析了为什么很多人事业上无法取得成功的原因：

他们总是幻想未来或者为未来担心，就是不肯俯下身子关注今天。工作中有些人不是对未来忧心忡忡，就是幻想将来自己也能做到高高在上的位置，拿别人不可企及的高薪。然而，他们就是不肯关注自己现在的状态，不肯把精力投入到工作中，把今天的事情做好。

【案例】

有个小和尚，每天早上负责清扫寺院里的落叶。清晨起床扫落叶实在是一件苦差事，尤其在秋冬之际，每一次起风时，树叶总随风飞舞。

每天早上小和尚都要花费许多时间才能清扫完落叶，这让他头痛不已。他一直想找个好办法让自己轻松些。后来有个和尚跟他说："你在明天打扫之前先用力摇树，把落叶统统摇下来，后天就可以不用扫落叶了。"小和尚觉得这是个好办法，于是，第二天，他起了个大早，使劲地摇树，他想这样就可以把今天和明天的落叶一次扫干净了。

这一整天里小和尚都非常开心。第三天，小和尚到院子里一看，不禁傻眼了。院子里如往日一样仍是满地落叶。这时有个老和尚走了过来，看到一脸沮丧的小和尚便问他有什么烦恼之事。小和尚把事情原原本本地和老和尚说了一遍。听完小和尚的话，老和尚语重心长地对小和尚说："傻孩子，无论你今天怎么用力，明天的落叶还是会飘下来。"

小和尚终于明白了，世上有很多事是无法提前的，唯有认真地活在当下，才是最真实的人生态度。

今天有今天的落叶，明天有明天的落叶，明天的落叶不会在今天掉下来，所以不要为明天过多地烦恼。把握住今天也必然能把握住未来。

今日诗

今日复今日，今日何其少！
今日又不为，此事何时了？
人生百年几今日，今日不为真可惜！
若言姑待明朝至，明朝又有明朝事。
为君聊赋今日诗，努力请从今日始。

7.2 效能

7.2.1 又好又快

效能可以通过两个维度来展现，即效益和效率，人们通常所说的"高效能"实际上就是"又好又快"，在相同或更短的时间里完成比其他人更多的任务，而且还能保证质量，使得效益远超业界平均水平。

对业务而言，高效能是工作成果输出的重要前提，对个人而言，高效能意味着员工个人超强的综合能力。

做高效能员工是员工和企业都希望达到的结果，但如何才能做到呢？

关注以下五个方面，并努力做到位，可以有效提升自己的工作效能。

（1）筹划

面对难题，筹划务求周密、全面；在正式行动之前务求准备充分，做好团队内部的分工；有较长的准备周期，把执行战略、开展业务过程中可能遇到的各种情况分析透彻并做好预案。所谓谋定而后动，筹划不周密在之后的行动中就会十分被动，工作效能也会随之被打折扣。

（2）规范

工作有思路、有计划、有流程、有制度、有反馈、有指导、有奖惩，务必做到规范化，这样在执行过程中就会事半功倍。

（3）质量

虽然工作时间有要求，但员工还是要始终追求高质量，让每个阶段的工作推进都能够满足预定的要求，不因为工作时间的紧张而降低对质量的要求和控制。

（4）迅速

争取做到"日事日毕，日清日高"，面对任务，行动迅速，在特定时间内满足工作要求，毫不拖延。

（5）激情

不论组织还是个人，要想实现高效能工作，团队成员必须建立一种和谐的工作关系，使大家在工作中充满激情和快乐。一支快乐的、充满激情的团队才是一支高效能、有战斗力的团队。

团队如此，个人亦然。这种精神状态是高效能的重要前提，员工要善于调整自己的情绪，让自己处于这样的状态，实现高效能工作。

7.2.2 专精一行

（1）专一行，精一行

具备精业精神的员工是企业成功的关键，也是当今企业选择人才的主要标准之一。皮尔·卡丹曾经对他的员工说："如果你能真正地钉好一枚纽扣，这比你缝出一件粗制的衣服更有价值。""钉好一枚纽扣"就是力求做到最好，就是精业。

【案例】

美国的麦当劳在全球有上万家快餐连锁店，他们在招收新员工时把"精业"放在首位，对员工提出了更高的素质要求。

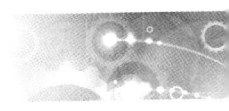

职业素养

新员工上岗前要接受培训，老员工每天必须抽出一小时学习业务，而且这一个小时是在上班时间内，公司会支付工资。而对员工开展岗前、岗中和8小时以外的培训，虽然要花费企业很大一笔资金，但是企业却不将它列入企业成本，而是把它作为一种投资。

以投资换取员工"精业"的能力，进而提高企业的综合竞争力，这是很有远见的。因为只有员工提高了工作能力、工作效率，才有可能降低企业成本。

精业是社会发展的客观需要。在经济全球化进程不断加快的今天，各个行业都要求专业化、技术化、现代化，各行各业对人才的要求越来越高，精业的员工自然成为各大企业猎取的对象。而对于员工来说，谁更精业，谁就拥有更多的机会。

无论从事什么行业，只要想在该行业中站稳脚跟、做出一番成就，就必须具备精湛的专业技能，并且还要以精益求精的态度不断提高自己的专业技能。

【案例】

汤姆·布兰德开始只是福特汽车公司一家制造厂的杂工，然而，他在不到30岁时就成为公司最年轻的总领班。在福特汽车公司里，这么快就能升到这个职位是非常不容易的。他是凭借什么取得这样的成绩呢？

20岁时，汤姆·布兰德进入工厂。他想，如果自己想在汽车制造这一行业做出一番成绩，首先必须对汽车制造的全部过程有深刻的了解和认识。因此，他主动要求从最基层的杂工做起。

在福特汽车公司里，杂工不属于正式工人，也没有固定的工作场所，哪里有活儿就要到哪里去。但正是因为有了这样的工作，汤姆有了更多与各部门接触的机会，这就加深了他对各部门工作的了解和认识。

一年半以后，汤姆申请调到汽车椅垫部工作。不久，他就把制作

椅垫的技术全学会了。然后他又相继申请调到了点焊部、车身部、喷漆部、车床部等部门。就这样，在不到三年的时间里，他几乎把公司各个部门的工作都做过了。

最后，他又申请到装配线上去工作。由于有了在其他部门工作的经历，他懂得各种零件的制造情形，也能分辨零件的优劣，这样大大提高了他的装配效率。不久，他就成了装配线上最出色的员工。

很快，汤姆·布兰德就晋升为领班，后来又逐步晋升为15位领班的总领班。

古人云："业精于勤荒于嬉。"拙靠勤补，精从勤来。只要你能踏踏实实地学习，勤勤恳恳地工作，不断更新知识、提高技能、增长才干，精业就可以"水到渠成"。

作为员工，唯有精业、精业、再精业，让每一天都成为你的代表作，才能在工作中潇洒自如。

（2）练到极致，就是绝招

海尔集团首席执行官张瑞敏说过："把简单的事情做好就是不简单，把平凡的事情做好就是不平凡，把简单和平凡的事情做到极致就会创造出奇迹。"

实际上，把简单的工作做到极致就是精业，把简单的技能练到极致就是绝招。一个人精通某项技艺，哪怕是一项十分简单的技艺，只要他做得比所有人都好，也能获得赞赏。

员工要想精通一行，首先要树立"没有不重要的工作"的理念，然后想尽办法提高自己的技能。

把简单的技能练到极致，需要的是认真；把简单的工作做到极致，需要的也是认真。"认真"是做事必备的品质，是事业成功的前提和保证。要想做成事，没有认真精神是不行的；反过来，有了认真精神，也就相应地会有对工作高度负责、一丝不苟、精益求精的态度和作风，能够把事情办成、办好。

第7章 职业习惯

【案例】

作为航空兵某师兵龄最长的士官，窦树军在全师官兵心目中有着崇高的威望。他从事飞机探伤16年，对战机心脏发动机"把脉问诊"7 500余架次，发现12起重大故障隐患。16年的坚持与守候让窦树军成长为一名探伤领域的顶级专家。

探伤专业是机务领域的小专业，小得非常不起眼，小得没有人愿意去干。但很多时候，探伤专业又显得那么大，大到关乎战机的飞行安全、关乎飞行员的生命安全。

"绝不能让一条细小的裂纹害了一个国家！"这是窦树军经常说的一句话。为了把工作做好，窦树军给自己定下了三条"窦氏军规"：少睡、少玩、少看电视。目的是腾出时间学习。

2005年8月，窦树军用超声波探伤仪对7号战机的发动机进行"B超"检查。检查中，窦树军发现，该发动机一级压缩器一块叶片榫头部位的波形有微小差异。最后，他得出结论：榫头内部可能有隐形裂纹。

闻讯赶来的上级专家否定了窦树军的结论，认为飞机可以正常飞行。可倔强的窦树军拒绝在放飞单上签字。

由于窦树军的坚持，发动机最后被送到北京某研究所"会诊"，得出的结论让专家们倒吸了一口冷气：榫头因疲劳使用、工艺等原因产生了细小裂纹，在工作状态时随时都有可能断裂，如果不及时停飞，后果不堪设想。

作为员工，要想把技能练成绝招，就要拥有一流的精神状态，一流的工作标准，一流的工作作风，一流的工作成效，就要像窦树军一样专一行精一行，在属于自己的职业空间中开辟新天地。

（3）注重细节，成就精业

美国气象学家爱德华·洛伦芝认为，亚马孙流域的一只蝴蝶在热带雨林里偶尔挥动几下翅膀，两周后可能会在密西西比河流域掀起一场风暴。他把这种现象称作"蝴蝶效应",意思是说,表面上看起来毫无关系、非常微小的细节可能会产生非常深远的影响。

【案例】

谢夫卡一心想当飞行员,一次他找到格罗莫夫将军,说出了自己的想法。这位将军没有直接回答他的问题,而是带他去郊外玩。

回来后将军对谢夫卡说:"我们认识只有一天工夫,然而有4件微不足道的小事妨碍你成为一名飞行员:你找我的时候,只知道敲门,却没有发现墙上的门铃;在车站你忘了自己的车票搁在哪里;让你记录地址时,你竟不知道自己身上是否带着笔;你把我的住所的门号记错了。"

将军接着说:"人们会把一架飞机交给这样一个漫不经心的人吗?"

细节存在于工作和生活的方方面面,哪怕是一个微乎其微的细节都可能让所做的工作毁于一旦,都可能毁了你的职业理想。所以,无论做什么事情,员工都要追求精益求精,千万不能放松对自己的要求。

细节之中往往蕴藏着机会,忽视细节可能会让人失去大机会,而关注细节的人,往往更容易凸显自己的素质和能力,获得更多的机会。

【案例】

王鑫亮毕业后到深圳求职,在奔波了一个星期后竟一无所获,更糟糕的是,他在乘公交车时钱包被偷,钱和身份证都没有了。

在受冻挨饿了两天后,王鑫亮决定以拾垃圾为生。一天,他正低头拾垃圾时,忽然觉得背后有人注视自己,回头一看,发现有个中年人正站在他背后。只见这位中年人拿出一张名片递给王鑫亮,说:"这家公司正在招聘,你可以去试试。"

抱着试试看的心态,王鑫亮走进了一家公司的办公室,当他递上

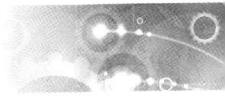

第7章 职业习惯

名片时，前台小姐立即伸出手来："恭喜你，你已经被录取了。这是我们总经理的名片，他曾吩咐，如果有个青年拿着名片来应聘，就让他成为公司的一员！"

没有经过任何面试，王鑫亮就进入了这家公司。

"您为什么会选择我？"王鑫亮问总经理。

"因为我会看相，知道你是栋梁之材。那次我偶然看见你在拾垃圾，就观察了你很久，你每次都把有用的东西拣出来，将剩下的垃圾归类好再放回垃圾箱。当时我就想，如果一个人在这样不利的环境下还能够注意到这种细节，那么无论他是什么学历、什么背景，我都应该给他一个机会。而且，连这种小事都可以做到一丝不苟的人，不可能不成功。"

把关注细节当成习惯，是一名精业员工必须做到的。对细节的关注，不应是偶然的行为，员工应持有"事必耕于细"的态度，使之变成一种具有长期性和持续性的行为。如果你能够把关注细节当成自己的习惯，你就能让自己在成功的道路上走得更远。

【案例】

李米大学毕业后应聘到一家外贸公司，她的意向是做经理秘书。但公司最初只安排她做办公室文员，具体任务就是收发、复印文件。

她做了一番思想挣扎后，积极投入到了工作之中。对于同事们交代的事情，她都能准确而及时地完成，同事们都夸她责任心强，工作交给她很放心。

有一次，经理拿着一份合同让她复印，十万火急的样子，细心的她习惯性地快速浏览了一遍，当经理有些不耐烦地催促她时，她指着一处刚发现的错误给经理看。经理看完后，惊出了一身冷汗。她的更正为公司避免了几百万元的损失。此后不久，李米便被提任为经理秘书。

成就精业并不是容易的事情，员工处理好1%的细节也许很简单，但要处理 100 个 1%却是无比困难的。然而，精业的员工无论做什么事情都不会忽视任何一个微小的细节。

员工如果能够从大处着眼，却在细微之处用心、在细微之处着力，日积月累，必定能使成功之路一马平川。

7.3 超越

7.3.1 超越自我

超越自我是指不断为自己订立新的目标并为之奋斗，实现自我不断发展的过程。它是员工追求卓越的行为，是不断重新聚焦，不断自我增强、挖掘个人最大潜能的过程。

那么，员工如何在工作中超越自我呢？

（1）建立自己的知识体系

员工从新手到高手的过程，是一个知识不断累积的过程，也是一个实践经验不断丰富的过程。通常，在知识、经验累积到一定程度后，员工要注意建立自己的知识体系，这是实现个人技能突破的重要一关。有了自己的知识体系，之后再遇到新的问题、新的碎片化知识时，就可以在自己的知识体系中迅速定位、分析、处理，从而促使个人技能发生质的飞跃，工作事半功倍。

（2）培养系统思考能力

系统思考是纵观全局，看清事件背后的结构及要素之间的互动关系并主动地"建构"和"解构"的思维能力。我们可以将系统思考看作一个类似"广角镜"的工具，它协助我们打破多年来形成的思维定式，了解整个事情的来龙去脉，降低我们因不了解系统而做出错误决定的比率。更重要的是，它是一种预防问题发生的手段。正如一位管理学家所言："系统思考是一项非常自然的修炼，但是我们很多人没有

得到进一步培育,正如,假如我们从来不去玩一种乐器,我们的音乐才能就没有机会得到发挥。"在工作中,对相同的现象,不同人有不同的反应,有人熟视无睹,有人却看到了其中隐藏的商机和变化的规律,原因就在于后者具有系统思考能力。

所以,员工要想实现自我超越,系统思考就是一门必不可少的课程。员工应通过收集多方面信息掌握事件的全貌,避免片面思考,看清事件的本质,明晰事件内部的因果关系,通过系统思考在纷繁复杂的事件背后"抽丝剥茧"出简单的结构,从而做出正确的决定。

(3)与变化同行

在今天这个时代,科技进步一日千里,员工个人要想实现不断的自我超越,必须与变化同行,紧盯相关领域最新的动态,及时做出反馈。

【案例】

山本谷美在一家轮船制造企业担任油轮总设计师时,批量化生产已经开始在工业领域中崭露头角。然而,山本谷美就像当初第一次制造油轮时那样,仍然按照传统方法没日没夜地苦干。公司其他管理者发现了这一问题,给了他善意的忠告,但是山本谷美根本听不进去,而是固执地"一条道走到黑"。

经过近一年的苦战,山本谷美设计的第一艘油轮终于诞生了。这艘油轮有着豪华的外观和装饰,而且装运的吨位也很大,但由于价格昂贵,加上制造过程太过漫长,没有客户愿意订购。其他管理者再次强烈要求山本谷美改变经营思路,采用新的生产流程,但是山本谷美拒绝改变,他坚持认为油轮就应当是纯手工制作。

最后,由于长时间没有拿到订单,山本谷美被公司解雇了。

企业总是青睐那些与变化同行的员工,因为他们走在时代的前沿,且总能向企业提出建设性的意见和建议;而那些不懂得变化、固守成规的员工，则很难得到企业领导的赏识。

7.3.2 超越他人

职场中，员工要想被领导看重，被同事肯定，必须创造相应的价值，而且这个价值要超过员工的平均值且为人所见。在实际工作中，每一名优秀员工的竞争力和价值都是靠他们自己去不断积累和丰富的。员工可以从以下几个方面着手提高自身的竞争力，从而超越他人。

（1）保持随时学习的心态和习惯

不管你是刚入职的基层员工还是已经身居高位，要想超越他人就必须保持一种"空杯"心态，始终谦逊，以虚怀若谷的态度向周边的人学习，培养一种爱学习、善于学习、快速学习的习惯，这样才可能长期保持竞争优势。

（2）建立相应的人际关系圈

员工要想超越他人，必须在持续进步的同时善于借助他人的力量。在工作中，员工要学会不断拓宽自己的人际关系圈，主动去认识更多优秀的人，而且这些人不限于本领域，而是各行各业、各个领域的人。

（3）主动参与一些大项目

在工作中，员工之间拉开差距的一个重要外缘就是"大项目"，参与这种项目虽然很苦很累，但只要参与，员工总能得到相应的启发和锻炼，实现快速成长。员工要想超越他人，一旦碰到他人避之不及的大项目、难项目，要敢于迎头而上。

（4）开阔阔野，敢于挑战

员工工作一段时间后，一旦进入工作胜任阶段，往往会形成固定的思维、行动模式，从此不再积极学习，进入职业的"怠惰"阶段。此时，员工要想超越他人，就要多走走、多看看，开阔自己的视野，敢于挑战，避免出现"坐井观天"的情况。

（5）敢于吃亏

有的人在工作中生怕多吃一点亏，这是一种人的本能反应，但要想超越他人，就要突破这种本能，敢于吃亏，敢于主动为别人付出，久而久之，在不断"吃亏"的历练中你将收获宝贵的技能提升和职业成长。

即学即用

1. 结合你的职业（岗位），谈谈你认为最有利于你职业发展的职业习惯有哪些。

_____
_____
_____
_____

2. 阅读下面的材料，完成相应的练习。

三个工人在砌一面墙。有一个人过来问："你们在干什么？"

第一个工人爱答不理地说："没看见吗？我在砌墙。"

第二个工人抬头看了一眼说："我们在盖一幢楼房。"

第三个工人真诚而又自信地说："我们在建一座城市。"

十年后，第一个人在另一个工地上砌墙；第二个人坐在办公室中画图纸，他成为一名工程师；第三个人成为一家房地产公司的总裁，是前两个人的老板。

（1）仅仅十年的时间，三个人的命运就发生了截然不同的变化，你认为是什么原因导致这样的结果？

_____
_____
_____
_____

（2）谈谈你对"态度决定高度"这句话的理解。

_____
_____
_____
_____

职业素养

3. 理出你近两个月需要完成的工作任务,根据其重要和紧急程度排序,列出时间表,跟踪并实时记录工作进度和完成情况,努力提高工作效能。

工作任务	重要程度	紧急程度	工作计划	工作实时记录

注:如需要,可另附页。

4. 完成下面有关"超越意识"的测试，根据你自己的情况做出选择。

题目	选项
1. 你工作时经常看表吗？	A. 不断地看 B. 不忙的时候看 C. 不看
2. 接到上级指示后，你会怎样做？	A. 回想过去的做法，看看有没有可借鉴的 B. 有时会征询同事的意见，看看该怎么做会更好 C. 很少会去想过去是怎么做的
3. 一天的工作快结束时，你感觉如何？	A. 为能维持生活而感到高兴 B. 有时感到累，但通常很满足 C. 很有成就感
4. 接到工作任务后，你会怎样考虑工作结果？	A. 按照自己的理解来执行 B. 会从领导的角度思考应该如何执行 C. 能结合企业当前的发展战略以及领导希望达到的结果来开展工作
5. 领导不在身边的情况下，你会怎样工作？	A. 能偷懒就偷懒 B. 有所松懈，但不会有太大的区别 C. 无论是否有人监督，工作状态都一样
6. 工作中遇到竞争对手时，你会怎样做？	A. 我就是我，不在乎别人怎样做事 B. 密切关注竞争对手 C. 我一定要比他做得更好
7. 你用多少时间做与工作无关的事？	A. 很多时间 B. 在个人生活遇到麻烦时用一些 C. 很少时间
8. 如果少付1/3的薪金，你还愿意做这份工作吗？	A. 不愿意 B. 内心愿意，但若有更好的机会，我还是会离开 C. 愿意

续表

题目	选项
9.你觉得自己是有能力的人吗？	A.总是没有能力 B.有时很有能力 C.总是很有能力
10.哪种情况与你最相符？	A.不想再钻研有关工作的知识 B.开始工作时很喜欢学习 C.愿意再学点有关工作的知识

说明：选择A得1分，选择B得3分，选择C得5分，分数相加得出测评总分。

10~20分：说明你进取心不足，工作时有得过且过的想法，同时对工作的结果是否完美、是否能让领导或服务对象满意也不太关心。

21~40分：说明你的工作状态大众化。心情好时，对工作充满激情，能创造性地开展工作；心情不好时，"差不多""不在乎"的心态就会涌现。

41~50分：说明你是对自己要求很高的人，希望自己能出类拔萃，同时行动中也的确如此，能突破常规开展工作，最后达到的工作结果常是领导或服务对象最想得到的。